數據素養教父教你如何用數據溝通、
工作與生活

數據識讀者

BE *DATA* LITERATE

The Data Literacy
Skills Everyone Needs To Succeed

Jordan Morrow

喬丹・莫羅——著
侯嘉珏——譯

獻給我美麗的妻子和五名超棒的孩子。

感謝你們在我數據素養的旅途上一路相挺。

目錄

第五章 讀取並訴說數據的語言 129

第十一章 展開數據與分析法之旅 313

序

「謊言有三種：謊言、該死的謊言，還有統計數據。」1

這句不幸被許多人——包括馬克．吐溫（Mark Twain）——所誤會的引言，實實在在道出了我們現在的生活。我們所在的世界透過分享統計資料、數據、資訊、數字、文字和許多林林總總的其它事物（偶爾還包括圖片）來告訴我們事情的始末，同時傳遞訊息。對我們而言，要瞭解定期呈現在我們面前的所有數據和資訊容不容易？很遺憾地，這些數據和資訊經常受到誤用，成效也遭到扭曲。而我們能夠為此做點什麼嗎？

我是在二〇一六年六月正式踏上了數據素養（data literacy）之旅，但早在這之前，我就有些初步想法了。人們私底下一向稱呼我是「數據素養教父」

（Godfather of Data Literacy）、書呆長（Chief Nerd Officer，我真的很愛這個稱呼），而我是在經過了一段時間後，才逐漸培養、提升並慢慢發展出個人在數據素養的想法以及思考過程。本書傳達了我的想法，並為你們在數據素養和數據與分析法的旅途上提供協助。

本書所採用的方法，可能和你原先預期探討數據與分析法這類主題的其它書籍有別。對多數人而言，這些主題談不上是令人感到興奮或刺激的頭號選項，但對我來說它們令我深深著迷。我希望向各位傳達，你們將能更深入地瞭解數據素養的世界，同時還能有所作為，以參與這個令人興奮、實由數據驅動（data driven）的時代。感謝各位撥冗和我一起討論，期盼我能激發你們對數據素養的熱愛與好奇，進而真正對你們將來的生活帶來更正面的影響——一如它所曾為我帶來的影響那樣。

註釋

1 Anon. (2012) Lies, damned lies and statistics, University of York. Available at: www.york.ac.uk/depts/maths/histstat/lies.htm (archived at perma.cc/4RY4-THZX)

第一章

數據的世界

你有想過這些問題嗎：未來是什麼模樣？就業市場會變成怎麼樣，機器人與高科技真的會包辦一切，然後取代我的工作嗎？會有什麼發明等著我們，還有——或許也是最重要的——我的飛天汽車（flying car）何時才會抵達？未來總是充滿未知，那些勾勒出未來的發明，一定是我們想都想不到，甚至是連個影子都還沒有的。未來會出現人們無從想像的工作職務，這點無庸置疑。即使面對著這些迥異的未知，我們仍然清楚有件事會在未來佔有一席之地，而且它已經出現了，那就是數據（data）。未來勢必掀起一波波的發明潮、產生許多令人興奮的新職務，但我們在引頸期盼的同時，卻也清楚明白數據的力量就在這裡，事實上，數據早已普遍受到認可，廣為流行。

數據的世界廣大又神奇，並且提供個人無數成長的契機。有很長一段時間，個人和組織完全不再試圖藉著數據取得成功，但我們不該放任這種情況持續下去，反而應該協助人人利用這項龐大的資產。

一如水是生命之泉，甚至像是許多其它老掉牙和過度炒作的字眼，人們把數據稱作「新石油」(new oil)。事實上，數據真的是一項資產，一旦妥善運用，就能幫助人們向前邁進、獲得成功，還能協助我們增廣見聞、備妥亮眼的履歷因應未來，並在每人的內心建構出堅實、多樣化的基礎，以迎接未來所堆疊的挑戰，擁有理解數據世界的根基非常重要。

數據：我們所處的世界

眾所皆知，我們正處在一個充斥著科技和數據的世界。我們走在倫敦、紐約等大城市的街道上，會發現人們幾乎都低著頭看手機，而不是抬頭望著令人讚嘆的景點和周遭的人群。不妨一試：下次走在大城市裡，數一數低頭看手機的有多少人，舉頭仰望的又有多少人，甚至還能把交談中、打招呼的人都算進去；同時，你自己也別忘了抬頭，以免倒楣地絆到人行道的邊欄，或者更糟——慘烈地撞上迎面而來的車輛。

過去五十年來，尤其是網路、個人電腦、智慧型手機等問世的這三十年來，這個世界見證了科技與數據的驚人進展。思索下這些進展：望向廣闊的時間軸，也就是宇宙存在了約一百三十八億年[1]、地球約四十五億年[2]之下，我們討論的只有短短的三十到五十年而已。在這數十年間，我們見證了手機、個人電腦成為主流，但在長遠時間軸的對照下，這段期間實在是太微不足道了。如今，現在的我們很難去想像生活中少了這些事物會是如何，而且每件事物都在產出數據。那網路呢？網路甚至更晚，它在一九九〇年初[3]成為主流，到了一九九〇年末才真正走紅。如今，無論是工作還是生活本身，網路都幾乎無所不在。由於個人電腦的成長，科技也加速發展，急起直追。我們不斷地見證數位世界的創新、發展和諸多不同面向逐步進化、擴充，而這些全都會直接衝擊我們的人生、生活方式等等。尤其是我們即將討論的主題，也都會對生活和數據的力量帶來影響。

當網路成為主流，人們便更頻繁地使用網路，它改變了組織、學校和生活的運作方式，我們的生活方式不但變了，還大幅改善，網路讓我們以前所未有的速度自我提升、自我學習並自我發展。一旦結合了網路和個人電腦——甚至是更強大、我們稱之為「智慧型手機」的個人電腦——個人和家庭就能把電腦的力量帶入家中。就再也不需要挨戶拜訪的銷售業務，就能把比起整套《大英百科全書》（*Encyclopedia Britannica*）還要更豐富的事物帶入生活。不僅如此，人們還能更快地找出問題的解答，隨著《韋氏字典》（*Merriam-Webster dictionary*）把「google」（谷歌）納為動詞[4]，今日已經演變成眾所皆知的谷歌時代！

隨著數位持續發展，我們看到電子商務的成長和亞馬遜（Amazon）等公司的問世改變了消費者的習慣，同時也造成市場壟斷；我們看到網路泡沫的消長，期間人們投入巨資，成立起業務性質空泛的網路新創公司，而其中一個主要案例就是Pets.com，它在一九九八年成立，二〇〇〇年倒閉[5]。隨著網路泡沫逐漸消退，各種不同網站陸續出現，網路也開始引進社群媒體。社群媒體開放了使用者的檔案，從自拍、美食照到喜愛的產品，向普羅大眾公開了他們在數位和數據中的世界。這些全都是個人和公司所能取得的可消耗數據，因為我們全都想要鎖定好的廣告內容替我們決定今晚要來點什麼！

除了社群媒體的問世及其為我們產出的有趣數據，二十一世紀還見證了一種新型科技在網路連線和數據蒐集上浮出檯面，變得舉足輕重——物聯網（Internet of Things, IoT）。物聯網的定義很簡單，也就是連通一切（connectedness of everything）。思考一下汽車或飛機上的感應器經由引擎或其它的零件蒐集現況的數據和資訊。在這邊我有個疑問：物聯網真是始於二十一世紀嗎？答案是否定的，而且許多人不知道這點。這個名詞是在一九九九年正式確認的，但我們能從一項簡易物件找出物聯網早期範例，多數人都是就這麼走過去，或是長年習慣就這樣擦身而過，那就是：可口可樂的投幣式自動販賣機。這種特殊的自動販賣機美國卡內基美隆大學（Carnegie Mellon University）過去就有一台，購買人可以透過網路連接到這種自動販賣機上的保鮮裝置，並在走去機台購買之前查出飲料是不是冰的[6]。人們長年來一直都在思索如何比照這種方式，藉著連通——如物聯網——而使用數據做出更明智的決策，也就是說，我們如何運用蒐集中的數據和資訊提升生活及職場上的決策品質？思考一下亞馬遜或網飛（Netflix）之類的大企業：他們有多常蒐集我們的數據，以針對我們想要什麼而「提出推薦」？是經常蒐集……而且你知道嗎？他們所推薦的大多正中下懷，八九不離十。

即便物聯網早在一九八〇年代就開始成形，卻是直到近年才蓬勃發展成我們所瞭解的物聯網世界。比方說，請各位想像一下有一名越野跑者，他熱愛超級馬拉松，而這名跑者幾年前在路跑或越野跑時，我們周遭還沒有那麼多蒐集數據和資訊的科技，得以協助這名跑者提升實力……只能說是協助跑者略微「提升實力」而已。而我們是否真的需要一隻手錶，顯示出每次跑步所有的可能資訊，像是從海拔高度、速度到上下坡那樣包山包海？現今跑者眼前的數據可是提供了一頁又一頁的資訊等著他們左右滑看，擷取到的資訊也比原來可能需要的還多！手錶的數據是我們能夠研讀並討論的有趣案例，但現今世上所發生的一切事物都有一項關鍵要素，那就是我們周遭網路的連線及科技的進展正在生活中產出越來越多的數據。物聯網的其它實際範例是怎樣的呢？我們見證科技的進步或事物的發展是朝著協助、形塑並決定我們人生的方向演進，而有關的範例又是如何？

英國汽車大廠勞斯萊斯（Rolls-Royce）正是公司善用網路連線、數位化及數據產出的其中一例。勞斯萊斯不再是一家僅僅生產傑出引擎的大公司，如今已經成為一個強大、數據驅動的組織，運用物聯網及網路連線傳送，產出屬於公司必要資產的數據[7]。勞斯萊斯善用數據力量的範例之一，就是他們用來監控引擎維修的預測法[8]。藉著利用感應器及產出的資訊，勞斯萊斯充分掌握了如何預測、預期任何航空引擎所可能產生的問題，同時確保飛機航行無虞。另一個透過連結一切事物，以強化個人生活的主要範例則是醫療保健。病患在預約物理治療的門診後，經由門診產出的數據和資訊並加以利用，便可提供病患更加完善且符合個別需求的物理治療計畫[9]。隨著醫療保健的成本日益高漲，有越來越多直接指定的服務能夠協助個人逐漸康復、遠離病痛。

另一個透過數據與分析法而迅速發展且大幅成長的領域即是運動。有多少人聽過或看過由迷倒眾人的布萊德・彼特（Brad Pitt）所主演的電影《魔球》（*Moneyball*）？這部電影顯示出數據與分析法能夠大幅影響一支球隊，幫助他們在規模較小的棒球市場中贏得勝利。我們也可以在國際上的籃球運動——尤其是美國國家籃球協會（National Basketball Association, NBA）——找到另一則絕佳的範例。NBA的球隊幾乎都雇有數據專家與數據分析師，而這些專家肩負的任務，就是在他們所正蒐集的資訊中找出模式、趨勢，以用來找出實力被低估的球員、建立商機和其它選項等等。NBA球隊還會利用數據和科技監測球員的疲勞程度和睡眠深淺，讓他們瞭解到如何調整訓練內容、預防運動傷害等等。另外NBA在利用數據與分析法時，其中很有趣的方式之一，就是透過舉辦年度黑客松❶（hackathon）幫助他們找出天賦異稟的新分析師；而且你知道聯盟裡三分線投籃命中率的增加可是要大大歸功於數據分析嗎[10]？

有趣的不只NBA。像是智慧型手錶、智慧型手機、洗碗機、冰箱、冷暖空調、汽車車輛還有更多的日常事物也都能夠利用數據的力量。除了所有這些產品和工具，有不少其它領域也正以超乎想像的速度產出數據。想像一下經由瀏覽社群媒體的網站、造訪亞馬遜或eBay這類電子商務網站、刷付信用卡等等所產出的全部資訊。整體而言，以下這些驚人數字正是每天所產出的數據，世界經濟論壇（World Economic Forum, WEF）指出，在二〇一九年[11]：

- 每天發出了五億條推特；
- 送出了兩千九百四十億封電子郵件；
- 每輛連線的汽車創造了4TB（terabytes）的數據；
- 截至二〇二五年，預計全球每天將創造出463EB（exabytes）的數據。

我們若不是觀看網飛，而是仍像以前一樣看DVD，那就相當於212,765,957片DVD那麼多。哇喔，這樣的數據量真是令人難以置信！這意味著什麼？意味著我們無法看完所有由數據所創造出的DVD。那麼，我們該如何處理這些資訊才好？

個人和組織一定正在利用這項神奇的數據資產，對吧？組織顯然不會欠缺數

❶譯註：黑客及馬拉松（Hack＋Marathon）的組合字，係指電腦程式設計師與其他軟體發展的相關人員齊聚一堂，合作進行軟體專案、編寫程式及相關應用等等的科技探索活動，多為期半天至兩天一夜。

據，而且擁有足夠的洞察力做出明智、受到數據啟發（data informed）的決策，不是嗎？事實卻不是這麼回事，研究和數據所呈現出的真實狀況是：數據的世界裡有極大的技能差距，正在損害組織「透過本身難得可貴的數據資產和分析投資而取得成功」的能力。

數據：技能差距

為了瞭解這種極大的技能差距，就必須懂得數據技能的整體樣貌。數據與分析大廠Qlik幫助每一個人瞭解目前全世界數據技能的整體面貌，還有可能在哪個層面會出現技能差距。Qlik曾於二〇一七年八月至二〇一八年二月進行一項相當難得的研究[12]，指出了數據素養的全面概況和數據技能的整體樣貌，深入剖析人們及技能程度，還有他們在使用數據時的自在程度，只不過結果卻教人難以置信。研究顯示，只有百分之二十四的決策者對他們的數據素養——抑或數據技能——有自信。才百分之二十四！對於在組織中肩負起引領決策方向的人來說，這個比例實在低得離譜。有些時候，這群相同的決策者不是負責就是制定數據驅動（data-driven）的決策。既然差距如此之大，那麼我們應該相信這些決策嗎？

當組織正在建立數據與分析策略（但願他們真有這麼做，不過實際趨勢恰好相反），都會指望管理團隊制定、給予方向並且充分授權，這麼一來，組織才能擬定策略，並且規劃利用數據提升績效。好了，透過同樣一份研究報告，請大家猜猜看管理團隊對於使用數據的技能充滿自信的比例有多少？百分之三十二！那只不過佔管理階層約莫三分之一而已，況且我們若要認真評估，這個比例還有點太高；我敢說，管理階層對他們利用數據的真實能力和數據素養的程度有自信的比例，一定還不到百分之三十二。高階主管若正在決定組織未來的數據願景和策略，那麼要不要執行上述的願景和策略，則僅僅取決於其中百分之二十四的決策者而已。對數據技能缺乏自信的決策者又如何能肩負起實際推動並有效執行這些數據願景和策略的任務呢？這下子，我們可以開始看出產生技能差距的問題了。

那些較為年輕、初出茅廬且剛入社會的族群呢？Qlik的同份研究報告指出，較年輕的族群，亦即十六至二十四歲的族群中，只有百分之二十一對自己的數據能力和數據素養能力有信心。這麼低的比例讓我們不禁想問：這個年齡的族群怎麼會對數據素養的技能缺乏自信呢？他們不是自然而然，或是早已對數據充滿自信了嗎？這個問題非常耐人尋味，需要我們更進一步去思索這部分的人口年齡結構。那些自二〇一七年（這項研究開始進行的年份）起年齡介於十八到二十四歲之間的人們生於數位時代，網路、個人電腦在他們的生活中無所不在。這個族群的確是在科技和網路、社群媒體之下成長……但這並不意味著，他們與生俱來就會利用數據與分析法。也就是說，該族群具有數位素養（digitally literate），卻非數據素養。

整體來說，在這項研究中，約有五分之一的受試者對自己的數據素養技能有信心，組織所要填補的差距非常大，而且問題在於：倘若組織仰賴利用數據與分析法，但內部卻有偌大的技能差距，哪有辦法利用呢？再者，「欠缺數據素養」和「對數據缺乏自信」又會對組織造成什麼影響？這有沒有可能成為關鍵？

我們無法小覷「人」在數據素養和技能差距所造成的影響。有一份二〇一九年所進行的研究指出，「在接受研究調查的公司經理中，只有百分之三十二表示，他們能夠藉由數據創造出相當可觀的價值，而僅有百分之二十七表示，他們的數據與分析法計畫產出了對公司而言句有價值、可執行的Insight（洞見）」[13]。這又可直接連結到缺乏數位素養技能的問題。當想到有數百萬，甚至數十億美元投資在數據與分析的計畫、軟體與科技上，就應該開始思考其實同時也損失多少。當整體人口只有五分之一對數據技能充滿自信，經理也沒實現公司價值，那麼損失便很可能十分可觀。

好了，所以欠缺數據素養會對我們個人帶來哪種影響？研究僅僅顯示，缺少了數據與分析法的成功是可以如何量化的。當我們深入探究這項研究，會發現到由於巨大的技能差距，所以個人在面對眼前大量的科技和數據時，會變得極度不知所措。在這項研究中，有超過三分之一的受試者表示，他們不會使用數據，而會找出替代方法完成任務，同時也有百分之十四的受試者表示，他們能避就避。我們可以預見更令人難以置信的情況，那就是人們會因為討厭數據、不知拿數據如何是好，而演變成單一職員無形所流失的工時：五個工作日，或再多一點——每年單一職員光是因為討厭數據科技、不知拿數據科技如何是好，就白白浪費四十三個工時。而那樣實際上要付出多少錢的代價呢？數目可不小，研究顯示，美國整體經濟就付出了一千億美元的代價。這筆數字有沒有嚇著你們？現在我們要捫心自問，人們為何會對數據感到無所適從，又為何會有這麼大的技能差距？

數據：為何會有技能差距？

技能差距如此之大，想必事出有因，對吧？一定有某些驅動力導致這樣的技能差距，只不過會是什麼呢？在數據技能差距甚大的情況下，選項還真不少，引發、驅使或擴大技能差距的原因種類繁多，從科技和軟體議題的在校教育及培訓，到數據產出本身都有。在揭曉這些原因的同時，無論是從個人，還是從共事者的角度，都請各位思考一下它們是如何影響你的事業，還有你為了成功而運用數據與分析法的能力吧。

軟體和科技

人們可能會問：軟體和科技怎麼可能成為數據技能差距的原因或驅動力？軟體和科技不是來幫助我們的嗎？軟體和科技的進步與提升不是會縮小技能差距嗎？後兩個問題的答案是**肯定的**！軟體和科技在此幫助我們找出數據與分析問題的解方與答案，同時帶來業務上的成果；軟體和科技的確幫助人類強化能力，只要我們接受了足夠的訓練和教育，就能成真。

個人和企業大多已在軟體、科技方面展開不同的投資，只是方法上出了點問題。請想像一下你擁有一家公司，旨在建構起數據與分析策略，以助你在數位與數據革命下透過數據取得成功，此時，有優秀的銷售業務走過你的辦公室，說道：「我們家的新軟體能夠幫助你們滿足數據與分析上的需求，進而真正取得成功。」他們發揮舌燦蓮花的本事，向你兜售他們的軟體，你還會看到他們在筆電或螢幕上播放完美的範例與案例研究。有了這些完美範例，你決定投資，並期待向大眾推出這項軟體。當組織向大眾推出數據與分析軟體，即稱作「數據普及化」（democratization of data），只不過有個小秘密，組織是該普及數據，但這同時也是一項難題。接著就來進一步探討。

按照過往經驗，資訊與科技的領域或組織內的資訊部門才會保存數據，而其中會有一群人運用數據或產出報告及分析，組織再從而仰賴這樣的團隊產出強大、可行的結果。隨著Qlik或Tableau之類的商業智慧（business intelligence, BI）工具日趨進步並發展成龐大強盛的軟體巨擘，組織期待向大眾傳播數據，進而普及數據和資訊。當組織將數據普及給大眾時，希望能得出有用的Insight及結果。但在這有個大問題：我們當中有多少人曾經研習，並學過專門培養數據、分析法、數學、統計學等等的技能？隨著人們日益強調STEM❷教育的重要性，近年來這方面的整體人數是有持續增加，但那些從未受過這種教育的人呢？

這聽起來在說數據普及化不是問題的答案……錯！數據普及化正是答案所在——這也正是組織如何能夠透過數據與分析投資而發揮更大的潛力。「數據普及化」能讓獨一無二的優異人才和企業中的內部人力利用組織已在軟體、數據與科技所投入的投資。

數據普及化之所以會增加技能差距，是在於組織內部人力的教育基礎。當主管要求缺乏數據、科技背景的員工承擔新興軟體與科技的工作，並且利用數據和資訊時，這些人並還沒準備好有效地運用眼前的數據。你覺得我們當中有多少人熱衷且樂於一頭栽進使用這些新興的投資項目呢？你又有多常因為可以投入且學習某件硬塞給你的事情和業務而感到興奮呢？

同樣那份二〇一九年的研究報告指出有關「人」對數據素養帶來的影響，有百分之三十六的受試者「會找出替代方法完成任務，而不使用數據」，另有百分之十四的受試者「會完全避開那項任務」，而不使用數據；這在在顯示出人們缺乏數據技能；那些自在、自信地使用數據的人才會對於公司在這方面已做的投資感到比較自在。同一項研究也指出，有將近四分之三，即百分之七十四的受試者在處理數據時感到不知所措或悶悶不樂。最後這項指標顯現出只要一提到投資、普及數據，人們就會深感疲乏。這種全面性的疲乏與利用數據上的技能不足，真正擴大了數據技能的落差。

數據產出

數據產出和缺乏數據技能有什麼關係？數據產出和我們之前所討論的內容有關，所以算不上是全新的事物——況且我們在本章稍早就已經探討過這點。隨著科技問世並快速發展，加上數據產出急遽加速，組織及內部人力還無法因應自己要如何迅速地產出數據。在數位時代所誕生、成長的那些組織由於身為其中一員，所以比較能在數據的突襲下順利成功，但那些不是在數位時代所創立、發展的企業呢？他們試著培養起有效使用數據的能力，但卻覺得其複雜無比。你的意思是，我不能直接開始擷取數據源（sourcing data）然後就開始用數據嗎？沒錯！

❷ 譯註：取科學（science）、科技（technology）、工程（engineering）與數學（mathematics）之英文字首拼寫而成。

這些公司正在學習的是：你不可能只是投資軟體和科技，擷取數據源，然後「哇喔」一聲像突然變出戲法那樣，整家公司就行走在數據與分析法的巔峰了；反之，你會發現到內部人力無法趕上快速變化的環境。產出數據和擷取數據源的閃電襲擊，才是造成數據技能落差的原因。

欠缺數據與分析策略

另一個造成數據技能差距的原因，則是組織內部欠缺數據與分析策略。缺少策略如何能夠引發或擴大技能差距？一開始，請你先坐下來好好想一想：我的公司有沒有具備清楚、明確的數據與分析策略呢？很不幸地，對許多公司而言，答案是「沒有」。有時公司的內部人力只不過想試著找出如何利用、採用公司已經投資的軟體與科技，但缺少這樣的策略則很可能會帶給這些人力過多的負擔（還記得二〇一九年的那項研究嗎？那種無所適從的感覺是千真萬確的！）。

對公司而言，具備清楚、明確的數據與分析策略代表什麼？藉著重回之前我跑馬拉松的個人範例，來說明我們為何有需要擬定策略吧。為了幫助你瞭解，我們先假設這名參賽者是個新手或中階跑者。

首先，想像一下你就是這名跑者。你已經很久沒跑了，然後你看著一些親友或同事參加路跑，感到超級興奮，而且說實話，有時他們就是滔滔不絕、說個不停（身為跑者，我知道我說了太多慢跑的事），於是你當下就決定加入路跑，還報名了將在幾個月內正式展開的第一場比賽。你在毫無培訓策略、並未研究賽道，更不清楚身體需要補充多少營養或水分的狀況下，加入了這場賽事，你只知道你需要訓練，也要進食。少了策略，你同樣也不清楚這項投資會不會給你想要的回饋。

於是，比賽的時候到了。你接受了一些訓練，此時正在起跑線等待出發；或許也補充了些營養或水分，只盼你接受的訓練會讓你順利跑完全程。計時開始，然後結束，這次比賽變成了場災難。即便你做了些訓練、買了點裝備，但你並沒有妥善準備好。這次的半馬，你跑完了全程，但也真的快去掉你半條命；至於全馬和超馬，你都未能完賽。

我們再來對照一下另一場比賽，你先針對賽事擬定策略才登記參賽。你很清楚自己需要什麼裝備、身體需要什麼營養並補充多少水分，還特地聘請合適的教練，協助引導你把整個策略整理過一遍。實際上，這名教練幫助你擬定了策略。

這一路上雖然有些跌宕起伏，但你終究完成了極具挑戰的訓練，也為比賽做好了充分的準備。那一天到來時，即便你在途中歷經了些痛苦和挫敗，但還是能夠跑完全程、抵達終點。你終於清楚該如何應對，還有如何在策略完善、準備充分之下邁向成功。

整體而言，這些範例確切說明了組織需要針對數據與分析策略做些什麼。有很長一段時間，有些公司想投資什麼就投資什麼，雜亂無章，毫無方向。他們都明白必須投資數據與分析法，但卻一知半解、三分鐘熱度，不是不清楚要據此購入什麼設備、為何要買，就是不清楚這是否符合公司的需求。他們沒有利用那些擬定策略繼而執行策略的「教練」，之後才發現先前的投資——有些高達數百萬美元——如今未能達到預期的效果，也無法獲得可觀的報酬。很不幸地，許多公司都在面臨這樣的問題。

強大的數據與分析策略意味著公司已經建立起一種以擷取數據源並利用數據與分析法的策略，從而推動企業的目標、願景與宗旨。全世界的趨勢都在在說明著大部分的公司尚未針對強大的數據與分析策略進行全面檢驗。

一旦世界各地的組織不具備強大的數據與分析策略，數據技能差距就會擴大。與其制定明確的策略，同時明文規定公司允許內部在軟體、科技和學習投資等相互流通，公司卻寧可去購入數據與分析的軟體和科技來替他們完成所有的事。如此一來，他們把科技當成策略、強迫人們使用，就無法透過策略明確地指出要用哪種科技才對，便可能導致內部人力不願採納、重回老路，以前怎麼做，現在就怎麼做。一旦重回老路，新科技也就像擺在架上的玩具那樣，盡是沾染灰塵而已，毫無用處。

因此組織慘遭到致命的雙重打擊：第一，內部人力並沒有效利用與採用組織所投資的軟體；第二，內部人力抗拒了組織原先為他們好所購入的那些投資與科技，在數據技能上不見成長，反而更加落後了。

數據：接下來呢？

技能差距這麼大，我們可以問問自己：好吧，是沒有效利用數據，所以重點是？接下來呢？我們真的必須縮小技能差距，還是可以就這樣持續下去？說白了，當然要縮小技能差距才行！

如前所述，截至二〇二五年，我們預計數據會達到463EB。除了DVD以外，再給你一個概念，讓你知道那樣的數據是多少：1ZB的數據，就是1後面有著18個0……18個0喔，所以請想像一下463這個數字，然後在後面加上18個0。另外也有人做出不同的預測[14]，認為截至二〇二五年，會產生175ZB（zettabytes）的數據，1ZB等同於一兆GB（gigabytes），也就是1後面跟著21個0。好了，哪一個才對呢？又或者說，問起「這重要嗎？」會不會比較貼切？這真是很龐大的數據，而且我們無法質疑，這些的確保存了很高的價值及很多寶貴的Insight。同樣的問題又來了：我們的數據技能如果差距過大，個人和公司將來還有辦法利用這些龐大的數據量和資訊量嗎？或者說，我們能持續看到那些能夠有效利用數據的組織，贏過那些無法有效利用數據的組織？

本章摘要

整體而言，我們所在的數據世界令人興奮、害怕，又充滿未知。未來有著許多不同的工作、機會與發明，我們無從得知會需要什麼。新技能一定是必備的，只是我們甚至不知道那些新技能是什麼。但有一件事是肯定的，那就是數據已經普遍受到認可，廣為流行了！我們目睹了數據正在成長、擴張，而且必為人們所用的大趨勢，也目睹了公司內部人力中的技能差距不僅龐大，同時還在擴大且惡化，阻礙公司經由投資數據與分析法而獲得成功。因此我們能做些什麼，然後有沒有解決之道呢？答案是**當然有**！許多契機就在前方，等待著那些擁抱數據素養世界的個人與組織。

註釋

1 Redd, N (2017) How Old is the Universe, Space.com, 8 June. Available from: https://www.space.com/24054-how-old-is-the-universe.html (archived at perma.cc/K6LF-UCAL)

2 Redd, N (2017) How Old is the Universe, Space.com, 08 June. Available from: https://www.space.com/24054-how-old-is-the-universe.html (archived at perma.cc/94R7-GBJK)

3 Zimmerman, K & Emspak, J (2017) Internet History Timeline: ARPANET to the World Wide Web, Live Science, 27 June. Available from: https://www.livescience.com/20727-internet-history.html (archived at perma.cc/YLA9-RJNV)

4 Merriam-Webster Dictionary. Available from: https://www.merriam-webster.com/dictionary/google (archived at perma.cc/QSU7-3XNZ)

5 Aune, S (2010) Five Dot-Coms That Didn' t Survive the Bubble, technoBuffalo, 25 January. Available from: https://www.technobuffalo.com/five-dot-coms-that-didnt-survive-the-bubble (archived at perma.cc/FUG6-LUCL)

6 Foote, K (2016) A Brief History of the Internet of Things, Dataversity.net, 16 August. Available from: https://www.dataversity.net/brief-history-internet-things/# (archived at perma.cc/TAQ2-3N2U)

7 Choudhury, A R and Mortleman, J (2018) How IoT is Turning Rolls-Royce into a Data Fuelled Business, CIO, January. Available from: https://www.i-cio.com/innovation/internet-of-things/item/how-iot-is-turning-rolls-royce-into-a-data-fuelled-business (archived at perma.cc/XYD3-ULN5)

8 RTInsights Team (2016) How Rolls-Royce Maintains Jet Engines With the IoT, RT insights.com, 11 October Available from: https://www.rtinsights.com/rolls-royce-jet-engine-maintenance-iot/ (archived at perma.cc/EGT6-L52R)

9 Medical Device Network (2018) Bringing the Internet of Things to Healthcare, MedicalDevice-Network.com, 3 September. Available from: https://www.medicaldevice-network.com/comment/bringing-internet-things-healthcare/ (archived at perma.cc/7KE3-LHEN)

10 McLaughlin, M (2018) How Data Analytics in Sports is Revolutionizing the Game, Biztechmagazine, 13 December. https://biztechmagazine.com/article/2018/12/how-data-analytics-revolutionizing-sports (archived at perma.cc/DLD3-B2WY)

11 Desjardins, J (2019) How Much Data is Generated Each Day? World Economic Forum, 17 April. Available from: https://www.weforum.org/agenda/2019/04/how-much-data-is-generated-each-day-cf4bddf29f/ (archived at perma.cc/R35K-JEUN)

12 Qlik (2018) *How to Drive Data Literacy in the Enterprise,* White paper. Available from: https://www.qlik.com/us/bi/-/media/08F37D711A58406E83BA8418EB1D58C9.ashx?ga-link=datlitreport_resource-library (archived at perma.cc/JDM4-89HN)

13 Desjardins, J (2019) How Much Data is Generated Each Day? World Economic Forum, 17 April. Available from:

https://www.weforum.org/agenda/2019/04/how-much-data-is-generated-each-day-cf4bddf29f/ (archived at perma.cc/K8XR-3JNW)

14 Morris, T (2020) How Much Data by 2025? [Blog], Microstrategy, 6 January. Available from: https://www.microstrategy.cn/us/resources/blog/bi-trends/how-much-data-by-2025 (archived at perma.cc/D6JJ-BW23)

第二章

分析法的四大層次

數據與分析法：有四大層次？

既然我們已經擁有數據世界的知識，為了確保個人與組織都能有效利用數據與分析法，就必須要瞭解分析法世界的整體樣貌，深入瞭解分析法同時也是實際執行強大的數據與分析策略的關鍵。組織不瞭解分析法具有不同層次的話，便可能貿然購入軟體、擷取數據資料，並普及自助式工具，但卻不清楚這些究竟是不是他們所該做的。分析法是以四大層次為前提，亦即——描述性層次（descriptive）、診斷性層次（diagnostic）、預測性層次（predictive）及指示性層次（prescriptive）。為了瞭解這幾大分析法層次的必要性，就必須退一步去思考組織以往都是怎麼看待數據與分析法的。

這就開始吧：組織以往都是怎麼看待數據與分析法的呢？回顧從前，組織一向都會在數據與分析法的科技、軟體和工具砸下巨額投資。他們把軟體和科技視作「祈禱的回應」，相信這樣的回應將會催生出所有數據與分析的解方。組織還會投資能夠幫助他們實現目標和「數據與分析的夢想」的科技……沒錯，數據與分析的夢想是真實存在的。回溯到一九八五年[1]，也就是Microsoft Excel及其它更早用來分析或當作試算表的軟體剛問世時（你知道Microsoft Excel最初是發明給蘋果電腦使用的嗎？不可思議吧？），組織不是買軟體就是賣軟體，認為這樣就會解決事情，帶來「奇蹟」。如同我們所知，該軟體旨在儲存、使用並分析數據和資訊。隨著科技逐步拓展、演化及提升，科技投資也跟著增加。其實，過去曾經有人預測，大數據和商業分析的全球收益在二〇一九年[2]會達到一千八百七十億美元。如今市場並未趨緩，但市面上對於這個數目還有採用這些產品的趨勢卻一直不太樂觀。除了百分之二十四的公司決策者和百分之三十二的管理階層以外，員工的數據素養技能有著龐大的差距，所以組織在數據與分析科技上的投資並不如預期地成功。事實上，就是我們在第一章所提及的龐大數據素養技能差距——只有百分之二十四的公司決策者和百分之三十二的管理階層對自己的數據素養技能充滿自信——才使得這類投資無法成功。

所以瞭解分析法四大層次會如何影響人們採用這些產品，還有傾注一切、投資在數據與分析法上會帶來怎樣報酬呢？個人和組織一旦瞭解分析法四大層次，也就會瞭解到組織內部人力，還有個人天賦、技能若輔以高超技術，可以如何相互作用，以正確地建構組織的數據與分析策略，內部人力也才能接續執行策略。

分析法的四大層次

好了，在上完這堂簡要的歷史課後，就先從瞭解分析法本身的四大層次著手吧。有了這樣的瞭解，我們才會接著呈現出組織內不同的職位——從基層職員一路到公司經理——如何能夠利用這四大層次（一）催生數據與分析策略；（二）做出更明智、受數據啟發的決策；以及（三）對數據與分析法建立起正確的「拼圖」（puzzle）觀。最後，瞭解分析法的四大層次能使組織不再亂槍打鳥，而真正致力於訂定強大、有力的願景與策略。

一如我們先前所提到的，分析法的四大層次分別為描述性層次、診斷性層次、預測性層次及指示性層次（圖2.1）。為了幫助我們建立對每個層次完善的基本知識，我們接下來會定義分析法的每個層次，並且提出範例。除了定義、舉例，還會分享對某個特定層次中能有所幫助的軟體與科技。一旦我們完全且充分瞭解了每個層次，才能期待這些不同的層次開始相互作用，以構成正確的分析圖，並真正協助組織在數據投資方面取得成功。

首先，在我們進入第一個層次前，先來好好瞭解一下「分析法」（analytics）

圖 2.1　分析法四大層次的拼圖

這詞實際上意味什麼。「分析法」是一個我們時常聽到的詞，但我們真的明白它的意義嗎？

> 我們若查閱「分析法」的定義，它意味著「數據或統計數據的系統計算分析」。[3]

這究竟是什麼意思？當你用谷歌搜尋「分析」(analysis)這詞，它意味著「詳細檢視某事的要素或結構」。在數據與分析法的世界中，「分析」就是「深入探索數據和資訊，並瞭解其中傳達什麼」的能力。由於數據不會總以數字呈現，它也可能是符號、字詞或其它要素，所以「資訊」這詞在此便成了關鍵。我們倘若瞭解數據和資訊傳達什麼，也就能繼而仔細研究數據和資訊的要素與結構為何，甚至瞭解更多。分析法本身和瞭解分析法所帶來的力量能讓我們做出更佳的決策，提出更好的問題，並藉著數據獲得力量。

分析法的四大層次——描述性層次、診斷性層次、預測性層次、指示性層次——讓組織真正瞭解他們公司所建構、儲存且利用的數據和資訊。一旦組織瞭解這樣的數據和資訊，就能運用在商業決策、業務提升，並且取得成功。組織若要在現今數位與數據驅動的世界中蓬勃發展，那麼瞭解並執行——能這樣更好——分析法的四大層次便是十分重要且不可或缺的。

層次一：描述性分析法

分析法的第一個層次是描述性分析法。

我們若想查詢「描述性的」（descriptive）的定義，就會用到好朋友谷歌搜尋，並發現它意指「用來描述或試圖描述的」；接著，我們當然就得查詢「描述」的定義：「用文字說明（某人或某事），內容涵蓋所有相關的特徵、特質或項目。」

這是什麼意思？「描述的、描述性的」在此意味著「描述某件已經發生的事」；換言之，使用描述性分析法，就是我們用起數據與分析法，回過頭去檢視某件已經發生過的事。

但這樣所得出的整體概況未必是最清楚的。為了加強，這裡還有其它協助定義並提供描述性分析整體概況的字眼，如報告（reporting）、儀表板（dashboard）或觀察值（observation），這些我們可能都非常熟悉的字詞。我們有多常在會議或電郵中聽到或看到「報告」這個字眼？又有多常看到儀表板、關鍵績效指標（Key Performance Indicators, KPI）之類的字詞？如今，這些字眼都太過普遍，以致人人皆能脫口而出，同時也是真正瞭解描述性分析法的關鍵。描述性分析法即是建構出幫助組織明白過去發生過什麼或當下正在發生什麼的報告、儀表板及觀察值。

一旦清楚描述性分析法，我們就能瞭解、學習它在數據與分析策略的拼圖中所扮演的角色。但瞭解描述性分析法，將來就有助於主動協助組織建構出自己數據與分析的拼圖嗎？我們要先知道一個關鍵要素，那就是描述性分析法會對組織帶來偌大的痛苦和挑戰。你或許會問：為什麼？描述性分析法所帶來的獨特挑戰，是分析法其它層次所沒有的，它會造成組織無法跨越分析法的第一個層次，阻礙內部成長並無法透過數據獲得成功。

在分析法有四大層次下，組織必須確保他們不致「困在」某個層次，或耗時太久。在龐大的數據與分析法技能落差之下，被要求經由數據普及而使用數據的人們將會受到牽引，轉而使用他們所會使用也最簡易的那種分析法。在多數情況下，這意味著人們可藉描述性分析法——觀看圖表或儀表板——看出過去發生了什麼事，讀取當中的資訊也不成問題。要是論及組織容易困在哪個層次、動彈不得，全世界的組織都是把大部分的時間耗在描述性分析法這個層次上的。

倘若我們仔細思考，就會發現正因描述性分析法讓人自在，所以才會發生這種情況。我們每一個人都有能力回顧過往、描述事物：我們上週末做了什麼？你喜歡去電影院看過的那部電影嗎（若是《星際大戰》（*Star Wars*），大家最好都說喜歡）？又或者說，在公司業務中儀表板向我們透露出什麼訊息？行銷活動怎麼樣了？我們上一季聘了多少職員？還有更多像這樣的範例。此外，描述性分析法和回顧過往還會讓我們對組織以前發生過什麼事產生好奇。

正因既定人力下的多數職員對描述性分析法感到自在，加上欠缺數據技能，他們都會困在層次一，不知如何利用數據做出更明智的決策。其實，很多職員甚至不知道分析法有四大層次。組織在缺少這樣的理解下，把大把大把的銀子花在軟體和賞心悅目的數據視覺化，而不是藉由明智、數據啟發的決策而取得實質進展。因此，困在層次一只會讓組織擴大自己的技能差距。

現在，我們在這做個小註記吧：組織投入在分析法四大層次之間的比重不該均等，也就是說，組織不該讓內部人力在每個層次都投入百分之二十五的分析力道。由於組織努力地想建構、採取真正解決問題的分析方法，他們將會發現到自己劃分好內部人力及其花費在分析法四大層次上的時間，而我們也會瞭解到，即便描述性分析法非常重要，組織仍應把大部分的時間花在分析法的第二個層次才對——這我們後面再來討論。

描述性分析法之所以如此普遍，在於這個世界少了數據素養的技能。我們仔細思考一下，一個人若沒充分瞭解如何使用數據，未來又如何能夠精通分析法的四大層次呢？

最後，這世界充斥著大量的數據視覺化。好了，對於要在數據與策略法上獲得成功的組織而言，數據視覺化可說是必要且非常重要的。數據視覺化的英文有時也稱簡稱data viz，它不但簡化了數據與分析法，還使其變得較容易為他人所用，只不過，數據視覺化並不是數據與分析法的全部。數據視覺化或儀表板對於摘要或描述過去是很管用，但人們若不懂得如何在回顧過往之外更進一步，他們也就無法診斷並找出背後的「原因」。

隨著組織投資商業智慧的工具，他們普遍都在「為了儀表板而建構儀表板」，而且盡可能讓視覺越美觀越好。對於想要真正突顯整體數據與策略法的力量的組織來說，這可能會造成危害。我認同數據視覺化是該在視覺上吸引人們的目光，同時推動、利用這樣的吸引力和力量，讓個人有效加以運用，只不過，這有時可能會花上太多時間，阻礙你把數據用在更寶貴的用途上。此外，數據視覺化若沒對商業目的或目標帶來任何影響，那麼視覺化又有何用？

為了幫助我們更深入理解分析法的第一個層次，瞭解哪類軟體和科技適用在描述性分析法可能會有所幫助。這項科技並不是什麼石破天驚的大發現，而且多數人都已經聽過我接下來所要講的東西了。有人聽過「商業智慧」軟體或者「BI」嗎？現今有很多不同的BI工具可供使用，如Microsoft Power BI、Tableau、Qlik、ThoughtSpot等等都是真正適合描述性分析法的好工具，而且這些軟體的確具備某種能力，得以驅動分析法的其它層次，但它們真正的用途，還是在於描述性分析法。組織應該要投資在這類的軟體與科技上。

分析法的第一個層次非常關鍵。我們必須清楚過去發生了什麼，這樣才能在數據中進行診斷、建構預測等等。但這只不過是整個過程的第一步，而非整個過程本身。善用你對分析法第一個層次的理解，將有助於你更瞭解第二個層次。

層次二：診斷性分析法

好了，既然我們已經理解了層次一，應該就更容易瞭解層次二了。一開始，我先用個類比如何？想像一下你病了，還病了好幾天。你發燒、畏寒、咳嗽，看起來病懨懨的，於是你約了門診打算就醫。你在診間等候，醫生終於走了進來。他在打量你之後，檢查起重要器官，然後對你說：「對，你病了。」接著竟然一走了之，不再回來。你會有多滿意這名醫生？這名醫生有幫到你嗎？這麼說吧，你還會再找這名醫生看診嗎？這名醫生所做的就是告訴你，你早已知道的事。猜猜看，對，這就是**描述性**分析法。這名醫生能夠描述你的症狀、說你病了，但他並沒做出任何幫助你的事。

現在，想像一下這名醫生看著你，檢查你的重要器官，描述疾病的症狀，接著提問找出病因，並設法妥善地診斷你的病情。有了診斷，醫生才能幫你克服、改善現狀，而這就是分析法的第二個層次：**診斷性**分析法。

既然我們已經有了一幅看似美好、層次一如何能夠順利導向層次二的圖像，那麼就來深入探討「診斷」或「診斷性的」的基本詞義吧。

我們若再度使用友善的谷歌，「診斷」的定義即是「藉由檢視症狀，找出（疾病或其它問題）的本質」。

好了，在數據與分析法的世界中，我們不是在診斷人類或牲畜的疾病，而是在診斷公司現況、直搗核心，並瞭解事情發生的原因。另一個強而有力、會與診斷性分析法併用的字眼就是「Insight」：診斷性分析法就是要在數據中取得Insight、獲知動因（driver）還有事情為何發生。若要在數據與分析策略面取得成功，分析法的第二個層次可說是必備的。為什麼呢？

為了瞭解分析法第二個層次的重要性，我們就得先瞭解人們普遍使用數據與分析法的目的。組織為何要利用數據與分析法？組織又為何要花費數百萬美元，而非僅僅數千美元，去利用、分析並擷取數據和資訊的來源？答案我們向來都很熟悉：現在是數位的世界，不用說，人人都要使用數據與分析法，組織也需要利用數據。然而，當那些利用數據的人不知如何從上述數據獲取Insight的時候呢？要是他們像只能告訴你「你病了」的醫生那樣，對「診斷」數據中的現況感到並不自在呢？藉著讓內部人力能夠經由診斷性分析法而找出問題的原由，組織也就越有機會在已經投資的數據與分析法上獲得成功。

另一個在分析法第二個層次中所要瞭解的關鍵要素，同時在第一個層次也同樣重要的，就是組織正用以讓大眾取得數據的數據普及化。首先，將某事普及化意味著什麼？這意味著把事情交到大眾的手裡，賦予內部人力自由和力量去利用眼前所呈現的資訊。內部人力是由許多不同背景和不同經驗的人們所組成，而他們所具備的獨特能力，應會更明智、有效地幫助組織在數據方面取得成功。

如同分析法的第一個層次，如今全球也有不少旨在幫助組織在診斷性分析上獲得成功的工具及軟體應用，而且其中有些供應商跟在描述性分析法中的供應商完全相同，如Microsoft Excel、Microsoft Power BI、Qlik和Tableau。透過這樣的數據普及化，組織期望個人不但能夠描述數據中的現況，還能找出Insight，說明現況為何如此。

關鍵字正是「Insight」，它讓我們結合第一個層次和第二個層次，促成兩者相互作用，第二個層次因而也被稱作Insight的層次。當你仔細研究分析法的第一個層次，那是在描述發生了**什麼事**，繼而導向分析法的第二個層次，也就是探索那件事情**為什麼**發生。在此，我們可以看出第二個層次為何應該要是大部分的內部人力在數據與分析法中花上最多時間的層次。因為內部人力已經在第一個層次做出報告、儀表板和觀察值，也就能運用自身數據素養的技能，找出這些觀察值的含義。比如說相較於前幾季，本季的趨勢線為何變動這麼大？又為何人口長條圖出現變化？諸如此類的。

除了結合層次一和層次二，所有的組織還應該用數據做出更明智的決策（身為個人的我們也是一樣……你看到全球現在是什麼樣子了吧？），而這正是最初這兩大層次的本質。組織和個人都應該使用數據與分析法，好讓自己受到更多數據的啟發。在受到數據啟發之下，人們如今運用描述性分析法觀察以往發生過什麼事或現在正發生什麼事，然後加以診斷、瞭解原因，並能利用產出的資訊做出明智、受到數據啟發的決策。我們將在後面的章節進一步探討受到數據啟發的決策。隨著組織有效使用分析法前兩大層次的能力開始真正成熟，他們也就會開始看到數據與分析策略邁向成功。

層次三：預測性分析法

當你想到「預測」這詞，你會想到什麼？你會想到法國大預言家諾斯特拉達姆斯❶（Nostradamus）嗎？呃，似乎就這樣了？你會預測誰將在那場大型賽事中勝出，或是班機將在何時抵達？還是你會預測下周天氣如何，因為你要去度個期待已久的長假？我們在生活和職場上有很多想要預測的事，而在這麼做的同時，我們當然想要取得通行證，變得擅長在人生的各個面向做出精準的預測，對於期望利用數據與分析法的組織來說，這也是相同的道理。

❶譯註：十六世紀法國籍猶太裔預言家，精通希伯來文和希臘文，其以四行體詩寫成的預言書《百詩集》（*Les Prophéties*）因數度成功預測歷史大事而流傳至今，其中包括法王亨利二世之死、法國大革命、希特勒崛起及美國911事件等。

首先，我們可再拿出前面那個醫生的類比，好讓各位瞭解分析法世界中的下一步。猶記那名醫生進來說我們病了，就逕自前往可預見的未來，頭也不回，一點兒都沒有真正地幫到我們（我的意思是，我們自己就能知道自己病了啊，不是嗎？）。後來，醫生採取了下一步，他能夠診斷出我們疾病背後的「原因」，幫助我們瞭解病因，並帶領我們去思考戰勝疾病的方法。好了，一旦我們知道「原因」，醫生通常都會怎麼做呢？他們會希望開立藥方，幫助我們健康好轉；基本上，醫生正在預測「我們如果做『A』，『B』便隨之而來」。

接下來藉著檢視「預測」的詞義，以更深入地瞭解分析法的第三個層次吧。

我們如果再度轉向谷歌求助（我們很常用到谷歌這個想像中的朋友，對吧？），就會發現「預測」的詞義是「說出或預估某件（明確指出的）事未來將會發生，或者會有什麼結果。」

我真的很愛「預測」的詞義。首先，我們說出或判斷某件事未來將會發生。就先來消化這部分的定義吧。我們預測，就是說出它將會發生，或是花時間去判斷某件事將會發生。這聽起來是很讚，但詞義的第二部分才是我想要強調「預測」這詞的意義所在——特別是在論及組織希望善加利用數據與分析法的時候。

定義的第二部分指出「或者會有什麼結果」。我們有多常因為某件業務將會帶來我們想要的結果，而期待去做起這件事呢？職場上經常會有人說：「我們如果這樣，就會那樣。」但很不幸地，我們都太過清楚，事情不會總是「那樣」。如今，我們倘若結合起數據與分析法的力量，即分析法第三個層次的力量，或許就能使得那些預測和結果更常出現。

預測性分析法是我們當今所聽到最受歡迎的分析法之一，它幾乎已經成了數據科學及數據策略的同義字，而預測性分析法為何變得這麼受歡迎呢？請先看看你是不是很熟悉數據科學、統計數據、機器學習、演算法、大數據等等這類的字眼。這些字眼組成了分析法的第三層次和部分的第四層次。如今，這些字眼的共通性導致市場上普遍爭相推出數據與分析法的投資工具，帶來了不少問題。

隨著這些字詞問世，加上它們已經擴及全球，組織和個人一直都在過度炒作這些工具和技能的力量。這就像是某場大型比賽已經展開，但結果卻令人大失所望。好了，別誤會我的意思，預測性分析法的能力真的非常強大，但若少了具備數據素養的內部人力，要去妥善地利用預測性分析法就會變得困難重重。就先用一則範例來說明這點吧。

想像一下你是一名統計人員，年底的連續假期即將到來，而你已經為這段期間的購物行程建構好強大的預測模型。在這模型中，你能夠擷取正確的數據源（我們都知道有時這有點困難），有助公司做出明智的決策方向。於是你透過這個模型做好簡報內容，正要開始到處分享這項訊息。但很不幸地，當你開始說起你的分析並分享結果，台下的聽眾全都一臉茫然地盯著你看，隨著你分享越來越多，你越是感到沮喪，因為正在接受並理解這項訊息的人少之又少。你不禁思忖，為何都沒人聽得懂呢？最大的問題不是出在你的模型、分析或科技，而是出在組織內部的數據文化，還有數據技能不足。

隨著組織在預測性分析法的團隊、數據科學與科技砸進了大把大把的銀子，他們卻反而無法利用這些投資工具。組織無法掌握數據與分析法，就可能從而讓預測性模型和分析法變得毫無用處。唯有讓內部人力具備強大的技能組合，預測性分析法才可能成功。

那麼我們要利用什麼軟體和技術，才能成功地實施預測性分析法呢？組織擁有多種可以使用，並在分析法第三層次獲得成功的軟體和技術。首先，在數據科學和預測性分析法中，有兩種主要的程式語言越來越受歡迎，那就是R及Python，得以讓統計人員、非典型交易員（quant）、數據科學家等人建構模型。此外，誰不想用名為R及Python的程式語言來編碼呢？一個是蟒蛇，而另一個嘛——你若把尾音拉長一點——則讓你聽上去像個海盜❷。

除了這兩種程式設計語言，還有軟體公司，那些公司讓我們能夠簡化數據科學，並讓對於分析法的前兩大層次感到比較自在的終端使用者更便於使用簡化後的資料。實際上，大部分的內部人力不一定要是數據科學家，他們只要看懂數據且感到自在就好。舉例來說，Alteryx、SAS、Apache Spark、D3都是這一類的公司，你甚至還能用Microsoft Excel、Tableau和Qlik驅動預測性分析法。

我先前已經提到過有助於驅動預測性分析法的職位類別，像是數據科學家、統計人員、非典型交易員等等，甚至是數據分析師也能辦到。此外，數據素養的世界如此之大，如今非技術人員也已經在數據與分析法的領域佔得一席之地，所

❷譯註：R字母的發音聽起來與海盜常用語Arrr類似，意指「好、是的」，偶亦可表驚嘆語氣。

以每個能夠訴說並使用數據語言的人，都能成為預測性分析法的一環。因此，你一旦建構好模型、分析之類的，那些主要負責描述性分析法及診斷性分析法的職員，就能經由理解、討論預測性分析法而參與其中。

層次四：指示性分析法

現在，我們進入了分析法的最後一個層次：指示性分析法。當我們提到指示性分析法，其中有很多不同的定義和解釋。就我們的目的而言，我們所指的是指出「該用數據與分析法做什麼」以及「該做出什麼商業決策」的數據和科技本身。在此，數據和科技本身會指出或建議人們該做什麼。此一分析法的層次更為進階，但未必需要一堆人去執行，而只需要很多人能去詮釋、利用資訊，以做出更明智、受到數據啟發的決策。

我們在檢視指示性分析法的世界時，要用加強人力要素（human element）的角度去看待它。指示性分析法所採用的科技能夠分解、篩查龐大的數據量，讓我們加快分析過程，並消除潛在的人為疏失，但之後我們得要能夠運用眼前的數據和資訊才行。指示性分析法是能為我們建構出強而有效的分析結果，但要據此做出數據啟發的決策，還是取決在數據中「人」的面向。

指示性分析法的世界包含哪些技術呢？其中的應用可不少，從偏向自助服務的Domo或Alteryx，到更進階的SAS或SAP預測分析技術等等，應有盡有。這些工具都是幫助你進行指示性分析法的好方法，但若少了知道如何運用數據和資訊（分析法）為公司做出明智、數據啟發的決策人力，那麼，這些投資可能真會付諸東流、血本無歸。

分析法四大層次的實際範例

為了幫助我們建構出對分析法四大層次更廣泛的知識和基礎，瞭解分析法每個層次的實際範例有助於我們適當地描繪出每個層次所應有的樣貌。為了幫助我們把基礎打得更穩，每個層次將會建構在前一個層次上，給予我們這四大層次是如何相互作用的整體概念。這麼一來也大致幫助我們找出不同的角色與個體會在分析系統中帶來什麼影響，可說是太棒了。

層次一：描述性分析法

這裡的每一則範例都可以套用在其它的實際範例上。企業界經常運用描述性分析法，我們每一個人都會定期使用：

- 向公司業務主管呈報的每月營收儀表板；
- 點擊率（click-through rate, CTR）的每季行銷報告；
- 組織的每季淨推薦值（net promoter score, NPS）報告。

哪些職位會在描述性分析法帶來影響呢？每一種職位都會！審查儀表板的公司高層、撰寫儀表板和報告的業務與數據分析師、利用描述性分析法描述先前所執行過的技術分析的數據科學家、解讀並解釋儀表板的終端使用者等等，全都一樣。人人都會在描述性分析法帶來重大的影響。

層次二：診斷性分析法

切記，描述性分析法的每一則範例都只是分析概況的第一步，它代表著過去發生了什麼事，而診斷性分析法則是向我們呈現事情為何發生。

- 業務主管在每月營收儀表板中看到了銷售量按季大幅增加，心想「為何」如此。有一名數據分析師把內容從頭到尾看過一遍、分析產出的資訊並跟業務主管談過之後，便發現新的員工獎勵計畫有助於從各地的駐點主管催生出更多營收。
- 在點擊率的每季行銷報告中，行銷部門注意到點擊率驟降。過去十二個月裡，點擊率在前七個月前後一致、變化不大，但在第八個月大幅下滑，之後就一直維持在同個水準，於是行銷主管想要知道點擊率「為何」下滑。在經過分析之後，大家發現到行銷團隊把電子郵件中連結的位置移到不同地方，用戶較不容易看見，遂在未來的電子郵件廣告再次調整。
- 在組織的每季淨推薦值報告中，淨推薦值的數值一直都相當穩定，除了「你會向朋友推薦我們公司嗎？」這一項數值快速上升，而團隊在研究過數據之後，找出了系統中導致淨推薦值看似增加的小錯誤。藉著找出問題，組織不但省下經費，也防止內部基於數據中的誤測值而投入宣傳活動。

哪些職位會在診斷性分析法帶來影響呢？每一種職位都會！像是高層和決策者等，想要事情受到診斷的人都會提出診斷性分析法的問題，數據分析師也會致力於探究描述性儀表板及報告周遭的資訊，而數據科學家則能執行模型，以清楚現況如何。那些任職於公司中不同業務部門的人都能提供自己的專業，並在流程、近期銷售等方面提出Insight。整體而言，人人都能在協助診斷某事為何發生上帶來影響。

層次三：預測性分析法

預測性分析法帶領我們進入分析法中更進階的層次——什麼「將會」發生。

- 業務團隊想要確保自己善用從獎勵計畫帶動營收增加所積攢而來的新動能。數據科學團隊正希望建立起新模型，讓駐點主管能夠確切地看出自己在銷售和營收方面表現優異的地方，有助於他們預測「如果這樣做，就會有那樣的成果」。這麼做便能協助推測、維持動能。
- 行銷團隊檢視數據和資訊、運用分析師，並執行變更連結的專案。他們進行了多項測試，建立起「發行新電子郵件廣告並在哪裡置入連結」的新預測。藉由這項分析，行銷團隊如今就掌握了完整的預測報告。

- 在找出小錯誤後，團隊回過頭去尋找強化淨推薦值的方式、利用手上強大的數據源和科技，同時建立起預測模型，以分析、提升公司的數值。

哪些職位會在預測性分析法帶來影響呢？每一種職位都會！沒錯，因為數據科學和技術門檻較高的角色將會建立預測和模型，所以他們都很重要。當高層想要預測採取某些行動之後將會如何，他們就得和建立預測的團隊充分溝通。不同的業務部門也必須交換彼此的計畫、過去、經驗等等，這樣一來，團隊才能建立起適當的預測。

層次四：指示性分析法

指示性分析法，就是科技本身告訴組織要做什麼。

- 業務團隊如今能夠接受基於獎勵計畫而取得的龐大數據、利用機器學習找出趨勢和模式，並且讓機器告訴團隊他們此刻應該做些什麼。團隊能夠提出有效的數據問題，繼而在得出正確答案之後付諸實施，可說是至關重要。

● 行銷團隊如今能夠接受從點擊率和電子郵件廣告所擷取且產出的龐大數據，並據此運用演算法及其科技，以針對連結改放何處提出建議。

● 有了淨推薦值，真正的工作不在於數據分析，而在於組織內部的運作、服務等等。高層和數據團隊攜手合作，讓機器找出模式並指示組織該做什麼才會成功。也許是多打一通電話，或是略微提升顧客回饋，怎樣都行。這讓公司得以測試淨推薦值，並藉此取得成功。

哪些職位會在指示性分析法帶來影響呢？每一種職位都會！同樣的，一如預測性分析法，技術人員是很重要，但我們需要每一個擁有強大能力的人針對機器提出疑問，從而執行機器所給予我們的工作與分析。

本章摘要

當我們檢視分析法四大層次及其所在的世界，我們發現到，現今流行的趨勢就是要人人都去瞭解每個層次強調什麼。這個趨勢涵蓋了一張強大的分析拼圖中所應有的範圍及工作，而且一旦完成拼圖，又有誰會不滿意呢？為了讓組織在數據與分析法上獲得成功，這張拼圖就要拼對，所以我們不能像個孩子一樣，只是試著把每塊拼圖拼湊起來而已。我們在每個層次都要投資，可謂是一項涉及雙雙投資「人力要素及能力」與「軟體及科技要素」的重要工作。

我們已經瞭解描述性分析法正在描述過去發生了什麼事，診斷性分析法正在找出某事為何發生，預測性分析法正在預測未來，而指示性分析法正在讓機器幫助我們瞭解該做什麼。有了這樣的理解，組織就能充分發展，並藉著強大的數據與分析策略取得成功。理解之後，有誰準備好要學習「數據素養」的定義了嗎？這就邁入下個章節一探究竟吧。

註釋

1 CIS Poly (undated) History of Microsoft Excel. Available from: http://cis.poly.edu/~mleung/CS394/f06/week01/Excel_history.html (archived at https://perma.cc/48W2-BZWF)

2 Olavsrud, T (2016) Big Data and Analytics Spending to hit $187 Billion, CIO, 24 May. Available from: https://www.cio.com/article/3074238/big-data-and-analytics-spending-to-hit-187-billion.html (archived at https://perma.cc/U6W2-5P39)

3 Google definitions (2020) Definition of Analytics. Available from: https://www.google.com/search?q=definition+of+analytics&rlz=1C1GCEB_enUS858US858&oq=definition+of+analytics&aqs=chrome..69i57j69i59j69i60l4j69i61j69i60.2410j0j4&sourceid=chrome&ie=UTF-8 (archived at https://perma.cc/N2AQ-4LQ5)

第三章

定義數據素養

既然我們已經瞭解這個世界充斥著數據，以及分析法有四大層次，我們**最終**是不是應該定義數據素養究竟為何？沒錯，就這麼辦！

為了定義何謂數據素養，首先，我們就必須瞭解什麼不是數據素養：數據素養並非數據科學。不是世界上每一個人都必須成為數據科學家，但每一個人都必須具備數據素養。我知道，現在大家正在想這下子就要重返校園、學習數據和統計等等的技術了。其實，事情不是這樣的（人人立刻歡呼，紛紛跟我致謝！）

數據科學家在技術上更勝一籌，他們喜歡編碼、數據統計等等。數據科學的形式單純，也就是一個人使用數據的科學方法。沒錯，現在我們全都回到年輕求學的時候，並回憶起當時的科學方法。你們當中還有多少人想要重回那個時代呢？我猜並不多吧。我要再次強調，不是人人都必須走那條路，但我們的確必須讓每個人都去學習數據、利用數據，並在數據方面取得成功。這不但會讓我們能夠競爭、所從事的職業在面臨未來經濟問題時不致因過時而遭到淘汰，還會賦予每一個人實用的技能，而這對未來的生活也有所幫助。

接下來暫且把數據科學分析法擱在一邊，直接進入「定義數據素養」的主題吧。我們很容易就能找到有關數據素養的不同定義，但我們將會著重在一個包羅萬象、且經美國麻薩諸塞州波士頓市的愛默森學院（Emerson College❶）及該州劍橋市的麻省理工學院（MIT）所共同認可的版本，那就是：

> 讀取數據、用數據工作、分析數據並用數據辯論（argue）的能力。[1]

我真的很喜歡這個定義，但為了讓大家更清楚些，我想要擴充並修改一下「辯論」這項特點。最後所提到的「辯論」可能有點含糊，但在這邊，它意味著用數據來支持你的論點。沒錯，這是很重要，但我們來讓這項特點變得更充實、更具體一點，而把這個定義引申為：數據素養是讀取數據、用數據工作、分析數據並用數據**溝通（communicate）**的能力。這個定義中的小小改變能讓我們擴充自己的論點，因為溝通、傳達數據並不總是意味著我們將會「辯論」，同時，用數據溝通的能力也不僅限於利用數據來支持某人的論點而已——即便這也是很重要的。用數據來證實「直覺」（gut feel）的能力才真正向公司強化了我們的價值。

❶ 譯註：美國境內只有愛默生學院（Emerson College），作者疑似誤植為愛默生大學（Emerson University）。

此外，用數據溝通的另一個面向則可能是用數據訴說故事，這會為執行中的分析和統計法提供背景說明，並指出它們適用與否。

既然我們的定義已經就緒，那麼，大家全都準備好要帶著數據素養大步向前，並在未來經濟中取得成功了，不是嗎？全書完！要是真這麼容易，我們早就在數據素養上完全準備妥當，而且這本書也沒必要存在了。但其實一說到數據素養，我們還是需要本書來擴充、闡述，並拓展新的知識。為了這麼做，這就進入數據素養定義中個別的單一特點，好增進對這方面的瞭解吧。為了幫助大家，我們在整個研究過程中將會利用數據素養的四大特點分別舉例，好讓大家能夠明白這些技能何時會實際派上用場。

特點一：讀取數據

數據素養意義中的第一項特點，就是讀取數據。好了，讀取數據是什麼意思？讀取又是什麼意思？我們只要提供實際範例並定義「讀取」這個詞，大家就會開始慢慢瞭解了。當我們翻開實際的《牛津大辭典》（*Oxford Dictionary*）（沒錯，現在都是線上版），「讀取」這詞的定義是「觀看（文件或印刷品所組成的）特色或象徵，並藉著在心中解讀而理解其中的意義」[2]。什麼？對「讀取」這個詞來說，這聽起來好複雜喔。我的意思是，大家明明都很熟悉這個詞了——就像是你正在讀（取）這本書——所以，來擴充一下這項定義吧。牛津大辭典的定義中提到的是「文件或印刷品」，但是讀取肢體語言呢？一個人不是也能從讀取另一個人的肢體語言或態度而取得大量的資訊嗎？我認為，我們絕對能夠讀取肢體語言、從中學習。但「讀取」也意味著觀看並理解某事。對我而言，這才是我們能從數據素養所擷取出最重要的定義：觀看某些數據和資訊，同時加以理解。我們能不能針對這點進一步延伸呢？我們能不能擴充數據素養中讀取數據的這項特點，使其具備更多的附加價值呢？接下來就來一探究竟吧。

在這樣的脈絡中，讀取數據意味著觀看眼前的數據和資訊並加以理解，直白而簡單。在數據的領域中，數據的形式非常多元，而且都將顯示、呈現在我們每一個人的面前。讀取數據就是我們能夠觀看、理解手上握有的數據和資訊，讓我們藉由數據取得成功。這也透露出技能為何會有龐大的差距，還有組織為何都會困在分析法的第一個層次的重大原因之一：我們向人們呈現數據時，他們用來讀取、理解數據的技能都是非常基本且粗淺的。當人們只有在使用讀取分析法的第一個層次——描述性分析法——才感到自在，這種自在就會不斷地把他們帶回第一個層次。我們每一個人都會這麼做，也許這就是人類的本能吧。我們只要在哪裡感到自在，就會全都回到那種狀態（這也就是為何縮小技能落差、讓人人都對看懂數據感到自在這麼的重要）。想像一下你在沙發上找到了一處最舒適的角落，完全不想要離開。我們若是對於更進一步讀取眼前的數據與分析法感到很不自在，就會選擇滯留在分析法的第一個層次，也就是我們感到最舒適的那個角落。

隨著我們明白了讀取數據就意味著觀看並理解眼前數據的能力，這有助於我們瞭解到人人在讀取數據時，他們所具備的能力和技能並不盡相同。還有，也不是人人都要讀取同樣的層次：思考一下指揮系統（chain of command）吧。行政管理者是一個層次，副總裁和決策者可能又是另一個層次，從整個組織一路下來到數據科學家為止，層次也許都各有分別。組織一旦具備了整體的技能，應該要能夠解釋數據視覺化並加入個人的風格，才能真正地展開、強化在分析法四大層次方面的技能。為了幫助我們瞭解這些不同的技能，接下來就結合實際範例，並藉此拓展視野，瞭解到不同的角色須得如何讀取不同層次的數據和資訊。

想像一下我們任職於一家大規模的零售公司，大家對於最近發表新產品都感到非常興奮，這項新產品可是花了好幾個月才建構出來的，同時也是利用數據素養和分析法的力量才推導出數據啟發的決策。這些不同的團隊都是如何做出決策的呢？誰又必須在過程中「讀取」數據以提供協助？

《研發團隊VS讀取數據》

首先，來看看研發團隊，團隊必須讀取、瞭解並運用對數據和資訊而言有價值的數據量（data volumes）來做出決策。在此，研發團隊已經投入時間、精力去蒐集內外部的數據，所以該團隊便善用調查報告的力量、研究競爭情報（competitive intelligence）及市場情報（market intelligence），以瞭解新產品的可行性等等。一如你所能想像的，該團隊已經利用描述性分析法及診斷性分析法讀取數據，並找出觀察值和可能帶領他們做出決策的 Insight。

《行銷團隊VS讀取數據》

第二，來看看行銷團隊。他們的任務是為新產品擬定行銷計畫，並發送相關訊息。行銷部團隊必須觀看、理解組織內部的大量數據，還要研究產品的外在趨勢。過去哪種行銷計畫有效、哪種行銷計畫沒效？有什麼外在情況可能會影響新產品的發表？行銷團隊若能雙雙運用描述性分析法及診斷性分析法，這會有助於他們瞭解到應該採取哪種行銷方式，以協助新產品順利發表、獲得成功。

《管理團隊VS解讀數據》

第三，來看看管理團隊，他們會拉下最後那根「決定發表產品」的操縱桿。管理階層最好能夠讀取數據，以幫助他們做出發表新產品之類的重大決策。好了，我們都很清楚管理階層手上的時間有限，他們可能會把研究數據的時間大多花在讀取數據上。管理者必須能夠讀取並快速評估眼前的數據，以做出明智的決策。也就是說，管理團隊要能夠讀取、消化新產品的即時資訊，以做出明智、數據啟發的決策。

一如我們所見，**人人**在組織中都需要讀取數據。組織內的每個成員也都有自己獨特的觀點。當我們談及讀取數據的能力，它有助於整個組織瞭解如何說起數據的語言——這是後話。在人們的決策方法中，觀看並理解的能力向來都是最重要的。

特點二：用數據工作

有時，一想到「工作」這詞，我們也許會告訴自己這詞不太好，但實際上，工作應該要跟遊戲一樣有趣才對。工作就是要樂在其中，並讓人們成功地過起想要的生活。在數據素養的世界中，用數據工作應該令人感到愉快，毫無負擔；它也應該強化我們的事業，助我們更上一層樓。用數據工作，又或者單單「工作」一詞的意義為何？我們若能瞭解「工作」這詞的意義，將使它的脈絡更加清晰、更為明白。

當我們注意到「工作」這詞的意義，我們可以找到許多的變化及概念。我想要把這視為一種「涉及投入心理或生理的努力，以達到目的或結果的活動」[3]。好，所以用數據工作，就是一種透過數據，並涉及投入心理或生理的努力，以達到目的或結果的活動。結束。本章完。我們都懂了……不是嗎？好了，也或許我們沒懂；就來更深入探究，且更進一步瞭解這點吧。

馬克．吐溫曾說道：「工作和玩樂是用來描述不同狀況下的同一件事情而已」[4]。工作是一種可以樂在其中的活動。既然我們已經完整瞭解「工作」這詞，也明白工作和玩樂可以相當類似，那麼，深入探究數據素養的世界和組織業務內的「工作」就會很有幫助。

同樣地，我們清楚「用數據工作」就是在組織中用數據做起某件事，以達到目的或結果。為了幫助我們瞭解「用數據工作」，結合「用數據工作」和「分析法四大層次」有助於我們將其置於實際的脈絡下、瞭解其實際效果，接著，詳細地逐一探討組織內各大部門所扮演的不同角色，則有助於我們瞭解他們「用數據工作」都在做些什麼。

分析法四大層次的每個層次在「用數據工作」方面的確是獨一無二、各有不同，卻也具備了不少的共通點。在描述性分析法中，對組織內許多不同的人和部門而言，「用數據工作」可能意味著諸多不同的事。切記，描述性分析法就是為組織描述發生過什麼事，或者正在發生什麼事。當我們利用「用數據工作」的這項特點，「描述以往發生過什麼事」正好就是我們所在尋找的定義。在組織當中，無論你是在構建最新行銷活動的數據視覺化，還是讀取已經完成的數據視覺化，你都是在「用數據工作」；我們所有的人都持續在用數據工作。回想一下第一章勞斯萊斯和航空引擎的範例吧。光是那些航空引擎，人們用數據工作的方式就有多少種？有為數據而架設感應器的人、蒐集數據的人，還有分析數據另作他用的人。這些人全都在**用數據工作**。

分析法的第二個層次——診斷性分析法——抑或找出描述性分析法背後的「原因」也是一樣，「用數據工作」四處可見。隨著人們試圖診斷事件背後的「原因」、找出Insight，他們都在用數據工作；無論是提問、收到報告或儀表板，同時驅動分析，你也都在用數據工作。你可以想出你正在那些方面尋找Insight嗎？是在看你最愛的球隊比賽時？還是診斷這次放假要打包什麼衣服時？你已經在用數據工作的方式可謂多不勝數。再思考一下勞斯萊斯和航空引擎的組織範例吧。我們若不打算用數據工作、找出Insight，那麼蒐集所有的資訊做什麼呢？那些用航空引擎的數據工作的人肩負起找出Insight的重責大任，尤其是在處理攸關人命的問題時更是如此。

在預測性分析法及指示性分析法中，人們**用數據工作**的方式很多，從協助建構出數據源的不同團隊，到用數據工作以建立分析和預測的數據科學家，乃至讀取數據的終端使用團隊，他們用數據工作的方式都不盡相同。用數據工作、與數據合作對你我而言都十分常見。實際上，我們在個人生活中也一直都在這麼做。

一如先前所言，我們有多常研究運動中的趨勢，以試圖破解我們的球隊該如何在這場大型賽事中力抗強敵？除此之外，還有其它的嗎？其實**一·直·都·有**！我們一直都在讀取數據、與數據合作，好讓生活充滿力量，只不過要是轉換成工作的場景，那看起來會是如何？就來看看另一則範例吧。

在下一則範例中，請想像一下我們任職於一家大規模的組織，其中人們正在研究推出新穎、創新的行銷活動，而且這家公司第一次推出這種活動。員工先前不但花上好幾個月去建構、研究這項活動，它跟公司從前所規劃的活動也都大相逕庭，於是組織裡有不少人都對這次的特殊活動感到不安。人們如何在這項活動中用數據工作？他們會去嘗試發掘什麼、找出什麼？數據素養又如何發揮作用？這就來研究不同的團隊，還有他們如何用數據工作，以協助推出這項活動，同時分析活動能否成功。

《資訊技術團隊VS用數據工作》

首先來看看資訊技術團隊。他們需要用數據工作，以協助推出這次活動嗎？當然要。主管指派資訊技術團隊為這項特殊的活動擷取數據源，並獲取做出明智、數據啟發的決策所需要的數據。資訊技術團隊可是在很多方面都用數據工作呢，這樣一來，才能讓終端使用者分析、消耗數據，以協助活動順利推出。

《行銷團隊VS用數據工作》

第二，來看看行銷團隊本身。他們需要用數據工作，以協助推出這次活動嗎？**當然**。行銷團隊應該用數據工作，以檢視或建構描述性分析法；也應該用數據工作，以診斷趨勢、模式與內外部數據中所發生的事件；更應該用數據工作，以建立起這項活動如何才會成功的預測，這麼一來，他們自己才能跟著成功。

《業務團隊VS用數據工作》

第三，來看看業務團隊。業務團隊就站在面對客戶及潛在客戶的第一線。他們回答客戶的疑問，並且調查活動、新產品、公司客戶可以獲得什麼，還有公司如何能夠利用相關事物取得成功。業務專員應該精通數據和資訊、接受數據和資訊的教育並據此建構起行銷活動，然後在彼此之間分享這些資訊，好在客戶提出要求時派上用場。

《管理團隊VS用數據工作》

第四，也就是最後，來看看管理團隊。管理團隊最好用數據工作以推出新的活動——特別是因為這已經超乎他們的專業領域、個人的舒適圈，加上公司過去從來也沒有這麼做過。管理者將會收到報告、儀表板以及數據和資訊，以幫助他們做出數據啟發的決策（你看，分析法的四大層次拼湊成一整張拼圖了）。他們一收到這些資訊，就會用數據工作、與數據共事。沒錯，管理團隊需要用數據工作，才能在此獲得成功。

總體來說，一如我們所見，**人人**在組織中都需要用數據工作，而且在**每一個人**決策的過程中，用數據工作的能力一直都扮演著不可或缺的角色。但很遺憾的是，工作太常被冠以負面含意，尤其在我們談及數據與分析法時，工作常被視為編碼、統計學之類的困難學科。一如馬克・吐溫所言，工作應該要像玩樂一樣才對。在做數據素養這類工作時，我們應以協助組織成功、達成目的並實現願景，同時一如我總愛掛在嘴上的——為公司帶來影響。當人們強化數據素養的技能、學習用數據工作（我要再次強調，我們所有人都會用到數據來工作，比我們可能願意承認，或是我們可能意識到的還要頻繁），並帶著愉快的心情進行，他們就會發現，用數據工作能使他們做出更明智的決策；而能做出更明智的決策，真的不只對我們的職涯有益，對我們整體的生活也有幫助。誰不希望能在求職、買車或購屋，或是選定適合的目標等方面做出更好的決定呢？用數據工作可以幫助我們不致為了數據和科技而感到手足無措，反倒可以藉由數據和科技獲得成功，並且為了自己善用這份能量。用數據工作必須成為我們進行日常工作的同義詞。

特點三：分析數據

哇喔，分析數據究竟是什麼意思？不是只有核心的技術人員或專業人士才要分析數據嗎？為了分析，需要會編碼嗎？這些問題的答案都是個大大的「不」！我們每一個人永遠都具備分析數據、協助自己做出更明智的決定以及為了自己好而善用數據的能力。分析數據也提供我們一種方式去破解、篩查呈現在生活中龐大的數據量和資訊量。大部分的人都聽過「假消息」（fake news）的說法，而適度擁有提問及分析數據和資訊的能力，可以協助我們破解眼前錯誤的訊息（misinformation）。無論我們是為了工作，還是在稱作社群媒體的狹小管道內分析數據，分析數據都是分析法第二層次——診斷性分析法——的關鍵要素。

我們一想到「分析」這詞，腦海中可能就會浮現一堆事物。這次，我們將以分析（看出我在這做了什麼嗎？）「分析」這詞作為開端：

詳細檢查某件事物的要素或結構[5]。

對我而言，這聽起來有點像是我們想要檢查某件事物，以找出其背後的「原因」。對「分析數據」這項特點來說，事物背後的原因或Insight可以說是關鍵所在，而另一塊拼圖則是要「透過詳細的檢查，發掘或揭露（某事）」[6]。我真的很愛「揭露」這詞。當我們揭露某事，我們正在公開、揭示眼前的數據和資訊，也就是從描述性分析法找出Insight。現在的問題，變成我們要如何去分析數據和資訊呢？我們本身若不具備這樣的技術背景，又如何能從數據和資訊中揭露Insight？這就來找出答案吧！

一切都是先有問題，然後多幾個問題，接著又再有更多的問題。我們必須變得更擅長提問才行。我們有多常僅僅看到事情的表象，便信以為真，然後對自己說「就是這個，我已經找到答案了」？很遺憾地，我想我們就是這樣被訓練的。我們開始扮演某個角色，被告知該遵守什麼流程和政策，便開始著手進行，很不幸地，這種狀況並不鼓勵我們多多提問。就先來看看一則我們每天都在分析數據的實際應用吧，那就是：「我今天該怎麼穿？」

當我們正要決定明天穿什麼，其中會有多少人不管周遭有什麼就隨意抓起來穿，繼而希望這樣穿搭會剛好符合外頭的天氣？倘若你正這麼做，那麼我希望你是住在加勒比海附近，因為在那有百分之九十九的時間都是溫暖的好天，然後你可以單純用猜的就好……但即便如此，你也可能在歷經一場狂風暴雨之後感到後悔。為了讓我們針對衣著做出明智、數據啟發的決定，我們會採納相當多的資訊並加以分析。首先，我猜我們會先查看自己的智慧型手機、分析天氣預報的**App**，然後期盼預報準確；我們還能從所在的窗戶看出去，透過視覺去分析眼前的資訊；最後，我們更能大步地走到戶外，實際去感受一下天氣。甚至在你使用的方式不涉及科技而你只不過是在進行第一人稱的觀察時，這些也全都足以構成你分析數據的範例。

人人都在持續地分析數據和資訊，以做出明智、數據啟發的決定。思考一下不同的業務部門會如何看待新產品的數據，將有助於我們瞭解這點。

《研發團隊VS分析數據》

首先，研發團隊需要分析數據，以瞭解這次所推出的新產品表現如何嗎？**當然要！**研發團隊將不僅僅分析內部資訊，亦即公司擷取數據源所取得的資訊，也要分析外部數據。比如說，你推出了一項新產品，然後此時整體的經濟略呈衰退，有人可能就會妄下定論，說起這次推出新產品不是個好主意、注定失敗，但果真如此嗎？倘若外部數據告訴我們整體經濟並不樂觀，那麼，這或許正是我們逆向推出新產品的驅動力。研發團隊將會致力提問、分析資訊，以看看這次推出新產品究竟成不成功。

《產品團隊VS分析數據》

第二，來看看產品團隊本身。產品團隊需要分析數據，以瞭解這次推出的新產品有多成功嗎？需要，當然要。產品團隊將會提出許多問題、研究多種要素，並分析多段數據，以瞭解這次的新產品有多麼成功。

《管理團隊VS分析數據》

第三，也就是最後，再回過頭去研究偉大的管理團隊吧。管理團隊需要分析數據，以瞭解這次推出的新產品有多成功嗎？需要，我也真的這麼希望！公司是管理團隊在經營的，如果他們不去分析推出新產品成功與否，那我還真想知道他們到底都在幹嘛……直說無妨嗎？好，為了瞭解成功與否，管理者需要分析大量的資訊，如這次推出新產品對公司盈虧造成了什麼影響，或者是有沒有影響？公司建構了多少項新產品，賣出了多少？業務團隊在某項產品上又賣得如何？

行銷團隊有多擅長在市場上掀起某項產品的熱潮？這麼多的問題都只不過是冰山的一角罷了。以上這些全都屬於數據素養的第三項特點——分析數據。沒錯，管理團隊當然需要具備「分析數據」這項特點，才能順利地研究這次所推出的新產品。若要瞭解推出新產品成功與否，分析數據的能力可說是不可或缺。

總的來說，一如我們所見，**人人**也都需要分析數據。若要瞭解推出新產品成功與否，分析數據的能力可說是不可或缺。人人都必須能夠在數據和資訊中找出趨勢及模式。一如我們先前的定義，人人都需要「透過詳細的檢查，發掘或揭露（某事）」。不是人人都得是數據科學家，但人人都得催生問題及分析，也得深入探究資訊，以在診斷性分析法上取得成功。分析數據正是數據素養最重要的關鍵之一。沒錯，這四大特點全都是數據與分析策略成功的關鍵，但我們若無法分析數據、找出Insight，就會持續面臨滯留在層次一——描述性分析法——的問題中。

特點四：用數據溝通

既然我們已經討論過讀取數據、用數據工作和分析數據，如今便要轉而進入數據素養中非常重要的一點，那就是「用數據溝通」。倘若我們構建出強大的分析、透過診斷性分析法找出了一些難得的Insight，但卻欠缺向大眾傳達並進行溝通的技能，那麼我們會怎麼做呢？或者情況再更糟一點：你若以為自己具備溝通的技能，但你顯然並不具備，也無法清楚解釋你的觀點，那你又該怎麼辦呢？用數據溝通絕對是有必要的。

有關最後這項特點，瞭解「用數據溝通」的意義非常重要。「溝通」這詞意味著：

> 分享或交換資訊、消息或見解。[7]

在此，請思考一下分析法的四大層次。我們正在觀看分享或交換中的資訊以描述發生過的事、分享診斷性分析法中難得的Insight所透露出的消息或見解、分享從預測性及指示性分析法所得出的預測。若要在數據與分析策略上取得成功，溝通的力量是必要且不可或缺的。所以，我們該如何用數據溝通？有沒有什麼特別的方法，能讓我們用數據素養進行溝通，而且讓它變得更有影響力呢？我很高興你們這麼問！

在數據與分析法的世界中，有個領域正在成長，那就是數據敘事（data storytelling）。這個領域為何正在快速成長？你只要花點時間思考，就會找出端倪。我若打算在這些章節裡分享許多的統計資料和數據，你會多快告訴你的朋友「我有一本助你順利入眠的絕妙好書」啊？好了，就轉換到另一種不同的場景吧。

你有多常記住人們所和你分享的故事及想法？實際上，我們的心智比較擅長處理故事，而非數據，所以，我們得讓人們能夠分享故事，並傳達數據中所發現的結果、分析與Insight。

現在，我們重拾自己先前所熟悉的方式去檢視不同的業務部門，並看看他們是否需要運用數據素養上的特點，接下來再想像一下我們正在研究公司過去十二個月以來的財務表現好了。對公司而言，過去十二個月一直都非常成功，其實可以說是太成功了，以致我們想要知道這麼成功的原因何在，以及能否繼續維持下去。公司裡不同的業務部門需要溝通數據所傳達的訊息嗎？

《財務團隊VS用數據溝通》

首先，來看看財務團隊。財務團隊需要用數據溝通，以瞭解過去十二個月有多成功嗎？**需要**！實際上，需要溝通並傳達結果的正是財務團隊。財務團隊或許只需要分享描述性分析法，亦即層次一，他們將會與公司的管理團隊和其它部門分享這些數字及結果。財務團隊必須有效地溝通並傳達結果，以呈現出確切的樣貌。

《數據科學團隊VS用數據溝通》

第二，來看看數據科學團隊。數據科學團隊可在瞭解過去十二個月以來實際發生過什麼事情上扮演非常有效的角色。數據科學團隊能夠找出、分析並揭露其他人過去可能遺漏的事。其實，數據科學家真的能在自我數據素養的技能中強化「用數據溝通」的特點。大家可能會問：數據科學家需要在數據素養中學習更多嗎？答案絕對是「需要」！「溝通」或許向來不是數據科學家所渴望具備的前幾項技能，但在數據的新世界中必須改變這種情況，數據科學家必須培養出和全公司溝通的技能。

《管理團隊VS用數據溝通》

第三，也就是最後，來看看管理團隊。管理團隊必須能夠溝通他們在不同分析中所發現的結果，繼而散播出去、分享驅力為何、有過什麼成果，還有計畫怎麼做才能保持成功等等。

為了瞭解公司成不成功，能夠溝通並傳達數據非常重要。大抵上，我們可以看出貫穿數據素養世界的共同主題，那就是**人人**都需要具備用數據溝通的技能。

本章摘要

一如我們在本章從頭到尾所清楚看到的，人人——我指的是每一個人——都必須培養數據素養中的技能。切記，數據素養的定義是讀取數據、用數據工作、分析數據並用數據溝通的能力。無論公司是在發表新產品、變更活動計畫還是其它，數據素養及其特點都有助於組織順利成功。

在此，我們歸納出兩個重點，它們也該併入數據素養包羅萬象的定義當中，那就是數據暢流（data fluency）和數據啟發的決策。沒錯，我們是會在之後的章節探討第一個重點，不過數據暢流就像它所聽起來的那樣，指的是人們訴說數據語言的能力；至於第二個重點——數據啟發的決策——則是用數據做出決策。你若不是因為看得懂數據而用數據做出更明智的決策，那麼意義何在？數據素養就是要賦予我們每一個人能力，而且它真的可以——只要我們願意。

註釋

1 Knight, M (2019) The Importance of Data Literacy, Dataversity.net, 12 March. Available from: https://www.dataversity.net/the-importance-of-data-literacy/#(archived at https://perma.cc/9295-8T9N)

2 Lexico.com, Definition of Read. Lexico.com. Available from: https://www.lexico.com/en/definition/read (archived at https://perma.cc/C4SR-LW6M)

3 Lexico.com, Definition of Work. Lexico.com. Available from: https://www.lexico.com/en/definition/work (archived at https://perma.cc/4RZ3-HWFP)

4 Goodreads.com, Mark Twain Quotes. Goodreads.com. Available from: https://www.goodreads.com/quotes/459791-work-and-play-are-words-used-to-describe-the-same (archived at https://perma.cc/YT5D-ENKM)

5 Lexico.com, Definition of Analysis. Lexico.com. Available from: https://www.lexico.com/en/definition/analysis (archived at https://perma.cc/94SC-D5CH)

6 Lexico.com, Definition of Analysis. Lexico.com. Available from: https://www.lexico.com/en/definition/analysis (archived at https://perma.cc/94SC-D5CH)

7 Lexico.com, Definition of Communicate. Lexico.com. Available from: https://www.lexico.com/en/definition/communicate (archived at https://perma.cc/VC92-CYN3)

第四章

數據素養之傘

我們既然已經有了數據素養的定義，那麼，瞭解數據素養會和構成數據與分析策略不同面向的各塊拼圖相互搭配也就非常重要。一旦搭配得當，你就毋須苦苦掙扎地要達成目標，而是看到這張拼圖成為一大幅動人的圖畫。為此，組織在進行數據與分析法的相關工作時，就應以數據與分析策略為起點，然而，事實常常並非如此。一旦策略擬好，執行數據與分析法的相關工具和標準理應跟著準備好，所以，就來探索一些這類的工具和標準吧。

我們是已經討論過數據素養，但是數據科學（data science）呢？數據視覺化（data visualization）和數據治理（data governance）呢？還有，數據倫理（data ethics）會不會也在數據素養中發揮作用？我們將會在本章探討這些數據與分析世界中的不同領域，還有更多領域。一旦瞭解這點，請大家記住數據素養的定義就是讀取數據、用數據工作、分析數據並用數據溝通的能力。隨著我們探索數據與分析法中的不同領域，我們將會一併運用策略及數據素養的四大特點來探討這些領域，也能明確地檢視數據與分析法的個別領域是如何與數據素養相輔相成，以全面取得成功。本章所將涵蓋的領域雖不算包山包海，但卻在數據與分析法中扮演著關鍵的要素：

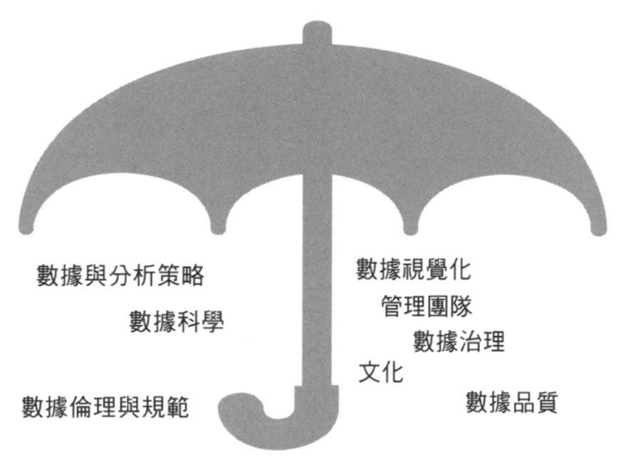

圖 4.1　數據素養之傘

- 數據與分析策略；
- 數據科學；
- 數據視覺化；
- 管理團隊；
- 文化；
- 數據品質；
- 數據治理；
- 數據倫理與規範。

我們不會探討到全面的數據與分析策略，因為這主題本身就能寫成一本書了。在後面的章節我們會更深入探討這個主題，因為我們若要在數據與分析上取得成功，數據素養是絕對必要的，若是少了看得懂數據的組織，數據與分析策略又如何能夠成功呢？不過，這同樣也能寫成一整本書了，於是我們取而代之，僅僅涵蓋關鍵的部分。

為了展開這趟旅程，先從簡要概述數據與分析策略開始吧。

數據與分析策略

雖然我無法全面概述數據與分析策略，但我可以推薦好書共讀，那就是國際知名大數據策略與分析專家貝納德・馬爾（Bernard Marr）的《數據策略》（*Data Strategy*）。為了達成目標，一本好的入門書將足以提供我們更多的背景及充分的知識。

有關這本入門書，我想要大家先想像一下，你們被我賦予蓋房子的任務。我走到你們身邊，說到「來蓋棟房子吧」，但我手上只有一張房子的圖片和一些工具而已。我們甚至不清楚房子內部長得怎樣，但我就是對這棟房子感到超級興奮。噢，對了，你並不是建築工人，對蓋房子也沒經驗，但我就是選擇了你，並且賦予你這項目標。好消息是：我至少給了你工具。你握有一些釘子、一把鐵槌和建築木材等等，然後準備開工。你認為，你會多麼順利地蓋完這棟我所想要的房子呢？噢，我有沒有說過？這可是我夢想中的房子，所以別讓我失望。

我想，我們全都瞭解若要成功地蓋好一棟房子，這種方式可說是相當不切實際。不過，你知道嗎，組織就是這樣要求且期待數據與分析法的。組織在心目中有一幅他們想用數據與分析法達成什麼的理想圖畫，他們是投入了所有的工具及數據源，但為了成功，他們卻是使用哪種策略呢？正如我們要具備藍圖、許可證、施工順序（即策略），蓋起房子才能更加順利，數據與分析法也是一樣，要先有策略才能成功。

數據與分析法的世界錯綜複雜，可能要比替我蓋成一棟房子還複雜得多，但這項工作必須遵循一定的藍圖或者——換句話說——**策略**，才能順利成功。如今我們既然談到數據與分析策略，就必須瞭解數據與分析策略並不是最終目標。最終目標指的是「組織以數據與分析法為工具，輔以促成要素（enabler），而見證組織順利成功」的目標與宗旨。

當公司希望實施數據與分析策略，數據素養就是關鍵要素。我們稍早在蓋房子時，我曾經提到一項「你」的關鍵，不知你注意到了嗎？那就是你並不是建築工人！此時此刻，你的公司中有多少受過數據與分析訓練的員工？當我說訓練，我指的是**受過專業訓練**。多數人並沒有為了取得數據與分析法的相關背景而去上課、讀大學之類的，因此，一如我要你只用圖片和工具蓋起房子那樣，你就像是公司中許多試圖瞭解眼前的數據，卻因不得其門而入而無從運用分析法的員工。整體而言，數據與分析策略必須準備好納入具備數據素養的人力要素。

數據素養與數據科學

其實，數據科學長期以來一直都在我們周遭。人們渴望利用數據測試、瞭解、實驗並證實假設早已行之有年。簡單來說，自從人類試圖運用牧群四處挪移以找出充飢之道的資訊起，我們就已經開始利用數據想要清楚事情的端倪了。隨著「大數據」問世且躍升為商業界最引人注目的話題，數據科學成了一種越來越普遍的文化。我們聽到過多少次圍繞著大數據的慣用語？一旦連結起大數據的世界和成長中的數據產出、物聯網等等，數據科學就變得和商業字典中的其它字眼一樣普通。實際上，《哈佛商業評論》（*Harvard Business Review*）在二〇一二年十月所刊登的一篇趣文〈數據科學家：企業最誘人的職缺〉（*Data Scientist: The Sexiest Job of the 21st Century*）[1]的確有助於在商業心理中融入數據科學。如今我們有多常說過數據與統計界裡的誰誰誰很誘人嗎？好了，來普天同慶一下，因為那些被說誘人的人正是我們，我們的日子來臨了。

隨著「數據科學家」這個專有名詞日益普遍，問題也開始浮現。突然間，大家開始爭相尋找這樣的角色，對此需求大增，以致需求量超出實際受過訓練的數據科學家人數。有篇在二〇一九年五月所發表的文章特別強調：「根據報告，二〇一九年預計開出四千多個數據科學家的職缺，較二〇一八年增加了百分之五十六。」[2]然而我感到有趣的是，文章更進一步切中要害，指出數據科學家的短缺「並不代表這是因為人們學不會數據科學家一貫所擁有的技能」──我覺得這個觀點十分正確。無論如何，即便公司在說服自己真的需要數據科學家後想方設法地錄用這些人，他們之後仍會為了如何使用這些數據科學家，或是如何把他們融入整體架構所苦，而這通常是公司本身缺乏數據與分析策略使然。

隨著人們日漸重視ＳＴＥＭ教育，有越來越多人開始投資、加強對數據與分析經濟而言不可或缺的技能。隨著組織瞭解我們已經面臨到一個數據、數位與分析的世界，他們便不能默默等待所有的內部人力都能看懂數據，特別是在STEM教育即使精彩可期、應該學習，但仍不夠完備之下更是如此。STEM教育必須擴充為STEAM教育，也就是科學、科技、工程、藝術（arts）及數學，因為我們絕對不能遺忘新數據世界中的藝術。我們有必要這麼做的原因很多，但我們務必牢記人類心智所擁有的力量。身為人類，我們既能帶來創意、變化，還能看出電腦或許看不出來的事，這些都在在能為數據與分析法帶來力量；此外，我們為數據說起故事的能力也很驚人。

即便未來會有越來越多人在STEAM的領域中建立起相關的背景知識，但先前那篇二〇一九年的文章舉出了非常重要的一點，也就是過去多年來，人們並沒有爭相投入數據、統計、量化分析等等之類的研究。在嚴重欠缺數據科學的人才下，我們可以用「數據素養」這美好的世界來填補其中的空缺。

數據科學的世界在數據素養之傘扮演著極其重要的角色，也是數據與分析策略的世界與分析法的四大層次中的關鍵部分。數據科學能夠建立預測，同時讓組織像是運用「水晶球」一樣判定方向並作出結論。有了數據科學，人們就能運用科學方法和其它手法測試、決定並找出Insight，同時組織也能學到非常重要的部分以帶來實質上的影響。數據科學對數據素養的世界真的極為重要。

我們先來看看一則個人範例。我曾經和一家數據科學公司的總裁一起坐著開會。請記住，這可是一家數據科學公司，然後我提出了類似這樣的問題：「你要求過多少位數據科學家向董事會或管理團隊進行簡報？」結果總裁舉起手來，比出了一個大大的「〇」。我不清楚「我們不能要求數據科學家為我們進行簡報或公開演說」這事是否真的太過極端，但這段故事的確顯現出數據與分析領域中一些迴異、個別的權力劃分。過去我們會用到數據與分析法、軟體和科技的部分都是單獨分開，或建置在組織內不同的部門裡。數據科學家是接受過各種不同的訓練，但其中並不強調，也不著重在溝通或公開演說，所以往常我們也都沒對數據科學家提出這樣的要求。這需要改變，策略上也必須納入這些部分。

我在前往世界各地工作時，人們曾經問我：數據科學家在數據素養中是否佔有一席之地、足以發揮影響力呢？我會斬釘截鐵地回答：當然！我們只要一想到數據與分析策略的拼圖以及組織向大眾推行數據普及化的必要性，人人就必須具備用數據有效溝通的能力，而這意味著數據科學家所受到的教育與訓練，將與「僅先從數據開始」的初學者大相逕庭。我們需要數據科學家學習公開演說、如何有效溝通，同時讓所有的人都能參與這趟他們所正著手的數據之旅。我敢打賭，大部分的數據科學家都有過機會分享自己的分析結果，只不過，最後聽眾都像只盯著前方來車的車燈的小鹿那樣，傻傻地看著他們，茫然失措。一旦發生這種狀況，聽眾有可能僅僅因為並不瞭解而錯失了許多有效的Insight及想法。在此，數據素養便是在要求數據科學家建立對話，並創造出人人都能理解的語言和事物。為了讓數據科學家得以賦予他人看懂數據的能力，他們的角色就必須進化。

數據科學還能在數據素養的世界中帶來什麼其它的影響呢？好了，倘若不是人人都應該成為數據科學家，而是人人都應該看懂數據，那麼，數據科學和這類的技術會對數據素養帶來什麼影響？組織內部必須——我強調的是「必須」——具備數據科學，在此，我所指的是純數據科學（pure data science），這樣才能讓已經具備這類進階技能的人建構出強大的分析模型。純數據科學是使用數據進行測試、假設，並運用統計學加以預測、建置模型、建構演算法等等，算是拼圖中的技術層面。每個組織中都需要純數據科學。有了純數據科學，我們才能運用這些技術層面所帶給數據與分析法的力量，繼而利用這種力量有效溝通，分析方可在組織內有需求的部門中順利流通。

數據素養與數據視覺化

數據素養的世界蘊含不同的部分，而且都在變動，可說是廣袤無垠，但其中有個領域可用來協助簡化並賦予人人力量，那就是數據視覺化。何謂數據視覺化？數據視覺化即是一種研究數據的簡化法。想像一下主管交代給你一項工作，要你分析一張五十行、十萬列的數據表，而我們會有多少人碰到這種機會呢？數據視覺化就是拿起龐大的數據量加以簡化、視覺化，而我們的視覺化技能可以在數據和資訊上提供協助、發揮作用。為了幫助我們繼續探討數據視覺化，以下幾則範例有助於大家取得初步的瞭解。

圖4.2顯示出我向來喜愛的數據視覺化。我們可以依據法國土木工程師查爾斯．約瑟夫．米納德（Charles Joseph Minard）所繪製的這張圖追隨拿破崙遠征俄國，看出軍隊如何隨著時間遞減，同時簡化資訊。你可以想像數據和資訊若是以表格呈現在你的面前，或者你是從原始的期刊看到這些資料的嗎？要是這些所有的數據分別位於不同的期刊，而你要把它們拼湊起來呢？當你試著破解軍隊發生了什麼事，你又會感到多有趣呢？這樣的數據視覺化有助於我們簡化這次的行

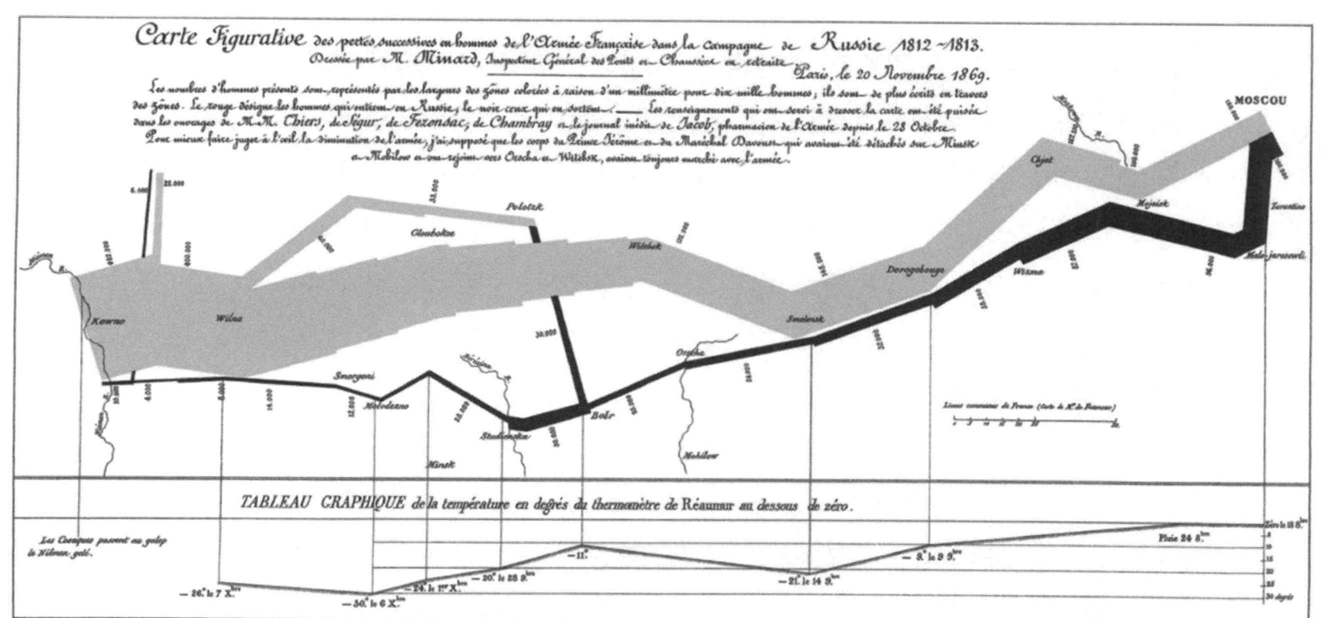

圖 4.2　視覺化：查爾斯．約瑟夫．米納德一八六九年的拿破崙征俄大軍圖

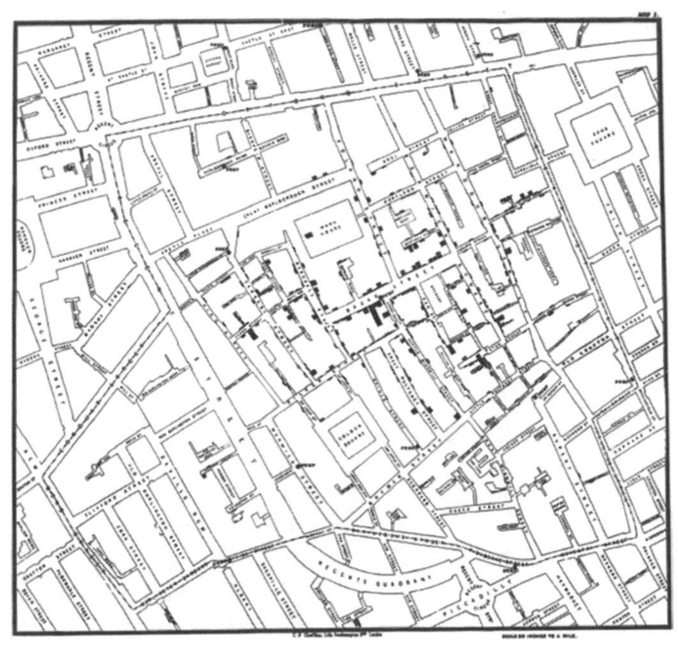

圖 4.3　視覺化：約翰·斯諾一八五四年的布拉德街（Broad Street）霍亂爆發圖

軍和相關的資訊。

圖4.3是英國流行病學家約翰·斯諾（John Snow）在一八〇〇年代倫敦爆發霍亂後所繪製的地圖。你檢視過類似這樣的圖像嗎？這項案例研究十分有趣，其中數據視覺化協助遏止社區爆發原先可能更糟且持續更久的霍亂。透過數據視覺化的力量，該社區能夠查明眾人在同一個據點取水正是問題所在，也是疫情爆發的主因。有了這樣的新資訊，社區就能找出因果關係、進行調整，以防止疫情爆發。將數據

和資訊視覺化之後的力量是不是很不可思議呢？

一旦記住了這些視覺化的方式，我們就能瞭解簡化數據和資訊對我們接下來要說的有何幫助，只不過，數據視覺化到底是什麼呢？我們不必太過深入鑽研數據視覺化本身，因為你可以參考史蒂夫・韋克斯勒（Steve Wexler）、傑弗里・薛佛（Jeffrey Shaffer）和安迪・科特格里夫（Andy Cotgreave[1]）合著的《儀表板大全》（*Big Book of Dashboards*），不過我們可以在這提供更多的定義。

我們如若真想細究數據視覺化的這項藝術，就會發現到它已經行之有年。我們的祖先過去就已經使用視覺化來分享資訊和故事，像是古埃及人的象形文字和美洲大陸的古老民族中，都可以看到這類分享的故事。而這種強大的資訊分享法是如何找到通往數據世界的路呢？我們可以分享數百年前統計量測（statistical measurement）首度被視覺化的經過，也可以分享對於第一張圖表或曲線圖的想法，但我們在此並不打算這麼做，因為那類的主題已經被探討過無數次了，而我們想要探究的是當代商業智慧和數據視覺化的世界。

先提出一個問題來展開這部分的討論吧：你們當中會有多少人想去篩查一張五十行外加十萬列的大數據表，以找出些許的Insight和資訊呢？換作是我，我會不可思議的瞪大雙眼看著我的老闆，我想會對這個機會躍躍欲試的人應該不多，這也是理所當然的。即便你在表格一開始找出了某項Insight，但那項Insight要是在十三行、兩萬四千列就遭到推翻，而你渾然不知就只是因為你只做到一百七十四列呢？光要聽懂這邊所提到的行跟列就可能令人非常困惑了。沒錯，這則範例只是假設，而且我並不認為我們任何一個人會在近期內碰到這種狀況。

現在，我要是告訴你有一種有效的方式，能讓我們藉此簡化那張圖表，以幫助你和組織描述過去發生了什麼事（描述性分析法）並致力於找出Insight（診斷性分析法）呢？這就是數據視覺化的力量。數據視覺化簡化了組織所正蒐集且產出的龐大數據量，不僅如此，它還在數據素養中扮演非常重要的角色，同時也對分析法的四大層次帶來重大的影響。它是如何辦到的？我可以聽到你此刻正在問我這個問題，且讓我娓娓道來吧。

首先，來看看數據視覺化及其對數據素養所帶來的影響，而且我們接下來要分享的故事，全都是大家耳熟能詳的。切記，數據素養的定義就是讀取數據、用

❶ 譯註：作者誤植為 Andy Cotgrave。

數據工作、分析數據並用數據溝通的能力。當我們問到有多少人打算就讀大學、大專，攻讀數學、統計學等等的學科，答案是「並不多」。一旦組織希望「數據普及化」，人們大多無法吸收數據和資訊，因此就需要軟體協助簡化，繼而運用強大的數據與分析工具，這就是數據視覺化。Qlik、Tableau和ThoughtSpot之類的公司（僅隨意列舉幾家）都會分享並賦予人們簡化、視覺化數據的能力。這時，人們可以用比較簡化的方式讀取數據、工作上使用起來也比較容易，同時，問起對的問題也有幫助，最終善用有效的數據視覺化進行溝通更可以為我們帶來影響。這能讓廣大的使用者經由視覺看到數據、找出Insight，並以此貫穿分析法的四大層次。那麼，到底該怎麼做到呢？

當我們深入探索分析法的四大層次，第一個層次更是受到數據視覺化所影響。記住，分析法的第一個層次是描述性分析法，我們在其中描述以往發生過什麼事或者現在正在發生什麼事。倘若我們只是單純蒐集無數個數據點（data point），如何能夠描述以往發生過什麼事呢？這則範例正好完美說明了將組織的數據視覺化所帶來的力量。當我們取得數以百萬的數據點，我們可將其匯聚成趨勢圖，製成引人注目且幫助我們問起事情「為何」正在發生的視覺化內容。

分析法的第二個層次是診斷性分析法，而且受到數據視覺化很大幫助。記住，診斷性分析法是分析法的Insight層次，我們在其中找出某事「為何」發生，而數據視覺化可以是激發問題的催化劑，比如說：這裡為何發生異常？這個數據點為何跟其它數據點差這麼多？我在這張長條圖裡看到這個長條要比其它長條高出許多，它是哪個類別，為何比較突出？我看到這群數據點在這個時段全部下降，但有些為何落在我們想要的時段外？這些假設性問題之所以產生，是因為我們看到視覺化後的數據、讓我們得以提問（數據素養定義中的第三項特點），而這些問題將有助於我們找出Insight、為組織帶來影響，之後，也才能開始做出越來越多的預測。

接著是分析法的第三個層次：預測性分析法。有了眼前的數據視覺化——尤其是折線圖（line chart）——就能看出事情的趨勢和走向；有了數據素養，就能讀取眼前的資訊，藉著將數據切片（slicing）與切塊（dicing），掌控數據視覺化並從中獲取不同的見解，再藉著提問，針對產出的資訊進行分析；有了這些全部的重點，我們在找出了某項Insight並拉下業務潛在的操縱桿時，才能利用數據視覺化預測公司和組織未來的走向。以下就用折線圖的範例來說明這點（圖4.4）。

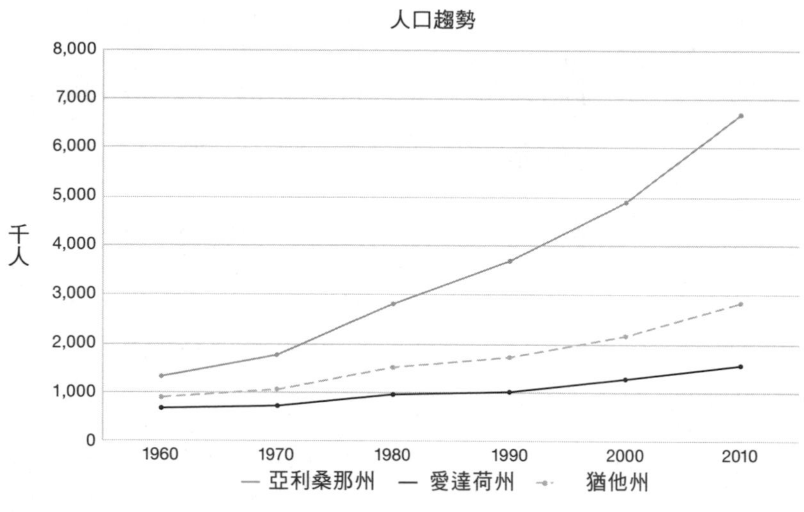

資料來源：美國人口普查局數據（SOURCE US Census data）

圖 4.4　折線圖範例

在這張視覺化的圖表中，可以看到代表不同州別的不同曲線，如亞利桑那州（Arizona）、愛達荷州（Idaho）和猶他州（Utah），而每條曲線都有正在上揚的趨勢。我們手上的「描述性分析」顯示出過去幾十年來這些州的人口走勢如何；這有可能激發我們提出疑問如下：為何亞利桑那州成長得很快？推動人口成長率的要素為何？也許是亞利桑那州終年溫暖的氣候，又或者是工作機會的快速增加。無論原因為何，我們都擁有得以帶領我們邁向預測性分析法的Insight。

在這個例子中，預測性模型可以向我們顯現到了二〇二〇年，也就是美國下一次人口普查的年份及區間，人口的概況會是如何。

透過指示性分析法——其中數據和科技正在催生Insight和分析法——我們就可利用數據視覺化的力量呈現出那些預測為何，接著在分析法的四大層次中一次次的展開這些步驟。

整體而言，數據視覺化在數據素養中扮演著非常重要的角色。普羅大眾必須培養數據素養，而數據視覺化則夠有效簡化可能極為複雜的事物。我們人人都擁有在生活中實際掌控數據視覺化的力量，以在職涯上更進一步，並協助我們的組織在數據與分析的世界裡蓬勃發展。

數據素養與管理團隊

你可能會問：管理團隊在數據素養中扮演著什麼角色？除了應該具備數據與分析策略、推動投資之外，管理者還在數據素養中扮演著關鍵的部分。問題的答案很簡單，其中包含兩大區塊，其一是管理者本身必須看得懂數據，其二是管理者必須在自己的組織內協助推動數據素養的計畫。

即便管理者因為各種行程而忙得昏天暗地，他們也必須看得懂數據，並運用「讀取不同的儀表板和具有大量數據點的報告」的力量。請思考一下關鍵績效指標，亦即KPI，這些不就是數據與分析法的重點嗎？沒錯！所以，管理者必須看得懂數據才行。

除了讀取數據，管理者也應該具備「用數據工作」的能力。現在，請大家思考一下後者：一名管理者真正「用數據工作」的時間有多長？停！「用數據工作」可能單純意味著收到每周的KPI儀表板並快速地看過一遍。我們必須調整這種認為「用數據工作得是複雜的，同時人們還得具備這方面技能才行」的心態，因為管理者光是接受、讀取每周的KPI儀表板，就已經是在「用數據工作」了。

除了「用數據工作」以外，管理者一定還要會分析數據，以朝組織的目標和願景更進一步。當管理者讀取數據、用數據工作，他們還能分析、提出和眼前的數據及資訊相關的重要問題，這也是不可或缺的。當管理者把數據從頭到尾看過一遍、找出答案，能夠針對眼前的資料提問也有助於推動分析，甚至可以帶來更多幫助。這種技能對管理者而言非常關鍵——特別是他們時間有限、行程緊迫。

最後，管理者一定也要會明確、簡要且有效地用數據溝通。具備有效溝通的能力，管理者才能傳達和眼前的數據與分析相關的想法及見解。我們真的想要有個說起話來結結巴巴、無法分享自己所建構出的數據和願景的管理者嗎？恐怕不希望吧！

瞭解到管理者是如何運用數據素養的四大特點後，我們就能大膽地說出他們為何必須看懂數據的關鍵：管理者為組織定調，其中包括了組織的目標和願景。除了組織的整體目標，管理團隊還會批准未來即將布署的數據與分析策略，而我們想要那些不擅長數據與分析法的人來推動數據與分析的願景嗎？恐怕不希望吧！我們需要的是一個優秀、深具數據素養的管理團隊，以確保策略強大、有效，並和公司原先的目標相互扣合。

除了「管理者必須看得懂數據」這項重要的資訊外，管理者還扮演著另一個關鍵性的角色，那就是推動組織內數據素養的學習和計畫。一如先前所言，數據與分析法的世界中有著龐大的技能差距，公司若想利用數據，就得實施與數據素養相關的學習計畫和培力方案。管理者必須投資內部人力，使其培養出所需的技能，以協助數據與分析策略順利成功。管理者一旦這麼做，內部人力便能更自給自足、更真正地發揮影響力。

大致上，管理者必須自我投資、賦予自己數據素養的技能，以確保做出明智、數據啟發的決策，並保證內部人力具備有效的數據素養計畫，而整體的人力也都能藉此獲得成功。我們又再次目睹每一個人是如何在數據素養中扮演起強而有力的角色。

數據素養與文化

倘若有一種導致我們無法在數據與分析策略上取得成功的重大阻礙，那麼「文化」可說是名列前茅。等一等，擷取數據源不是更大的阻礙嗎，還有軟體和技術上的採用呢？沒錯，這些其實都是極大的阻礙，只不過「文化」才是阻礙組織在數據與分析策略上取得成功的第一名。記住這點之後，好了，接下來就可以直接改變文化，然後摩拳擦掌準備開始，不是嗎？

我們當中有多少人曾對自己說過「改變組織文化很容易的」？呃，同一個人也可能會說，在並未接受任何訓練、並未適應高山地區或者並未攜帶氧氣瓶之下就去攀登聖母峰（Mount Everest）是一件簡單的事，又或者不用接受任何訓練就去跑超馬也是小事一樁。其實，改變組織文化一點也不簡單。所以，組織要是在文化上還沒準備好，要如何採行、利用數據與分析策略呢？這個問題很重要卻又很難回答，可能需要執行很多的步驟及流程，而數據素養也會是其中的關鍵。

當我們想到過去各式各樣用來描述數據素養的技巧和能力，應該就會非常清楚，個人為了確保可以完全看懂數據，取得單一技能組合遠遠不夠。今天，甲可以獲得「提問」的優秀技能，乙培養起「說故事」的有力技能，然後丙精通「數據視覺化」的藝術。組織在建立出數據素養後，藉著人人都結合自己的天賦和能力並善加利用，就能透過數據全面蓬勃發展；公司藉著幫助個人培養數據素養的技能及掌控數據力的能力，就是正建立起在數據與分析策略上成功的能力。你可能會問：這對文化有何幫助？我很高興你這麼問。

我們當中有多少人聽過「我一向都是這麼做，我不想改變」或類似的話？這種說法在商業界和我們的生活中都很常見。重覆做著相同的事會讓人們感到自在，所以，全世界的個人和組織文化都未必想要「改變」，避之唯恐不急。而數據素養的美好之處，就在於它不是要求你「改變」做事的方法，而是要求你「加強」做事的方法。另一個我們可能經常在職場上聽到人們提到的問題或想法，就是「有沒有更簡單的方法做這件事」或「我希望可以用不同的方式做做看這件事」，於是，我們又回到了數據素養。

數據素養並不是改變一個人的能力、天賦或在工作上的技能，而比較像是加強並賦予個人透過數據獲得成功的能力。一旦論及要在組織文化中順利推動數據與分析法，提升內部人力在數據素養方面的技能將有助個人藉由眼前的策略取得成功。組織這麼做並不是要試著實施大規模的變更管理計畫，這整個過程更像是一種進化，旨於強化個人在數據方面的天賦。當我們幫助個人在數據方面多做一些，也是轉而幫助組織文化在數據方面多做一點。

數據素養與數據品質

數據品質是數據素養及數據與分析工作中很重要的一環。我們希望利用食譜來瞭解拼圖的這個部分。我們當中有多少人有自己偏愛的餐點呢？對我個人來說，我熱愛美味的壽司。壽司中有某些搭配，或者在不同的壽司卷放入某些食材，都會使得壽司的風味更加突出、更為獨特。但若壽司組合得當，材料卻經久置、不夠新鮮，甚至品質堪慮呢？當你咬下了第一口，你認為你的味蕾會特別享受、大為滿足嗎？我猜，你很清楚這問題的答案，而數據與分析工作也是同理。

當我們努力地要利用數據做出更明智的決策，就需要品質良好的材料，才能讓此事成真。這同時也是數據素養和數據品質相互作用的關鍵：要是個人對數據素養的技能沒有自信，他們怎麼能夠得知數據似乎「不如平常」或是品質堪慮？而且，他們要是對數據素養的技能缺乏自信，又和數據團隊本身溝通不良，導致他們運用劣質的數據呢？我認為，數據品質和數據素養是一種極為簡要的概念，以致我們毋須更進一步探索，只要切記若要在數據與分析上取得成功，數據品質不可或缺就對了。

數據素養與數據治理

數據治理究竟為何？為了幫助人們能夠公平競爭，確保我們瞭解如何定義數據治理正是關鍵。Dataversity 網路平臺為數據治理提供了以下明確的定義：

數據治理彙集了方法和流程，以協助確保公司內的數據資產獲得正式的管理。數據治理通常包含數據管理（data stewardship）、數據品質和協助企業更有效掌握數據資產等等的其它概念，其中涵蓋了妥善管理數據的相關方法、技術與行為。數據治理也同時處理安全和隱私、完善性、可用性、整合性、一致性、可得性、角色與責任，以及組織間內外部數據流的全面性管理。[3]

簡單地說，數據治理就是治理組織的數據。這麼說聽起來很直白，但數據素養和數據治理到底有什麼關係？

首先，正在實施數據治理的策略、把規定和方法準備就緒，並且確保組織的數據絕對有受到保護的那些人，必須看得懂數據。這又回到我們先前所提到有關管理者的重點，還有他們是如何肩負起組織的數據願景及策略，同時還得看得懂數據以確保策略有效執行。數據治理團隊也是同樣的道理。倘若數據治理團隊看不懂數據，呃，我想我們可能就會遭遇到許多關於數據本身，還有公司中如何使用數據的問題。

再者，由於那些使用數據的人正在試圖取得、運用其工作職掌及角色中所需要的數據，所以他們如果看不懂數據，可能就不會瞭解為何是「他們」能夠取得某些特定的數據，而不是別人。這有可能引發的問題太多了，像是組織間的勾心鬥角、數據孤立（data isolation），因為團體之間都不想要分享自己所正使用的數據。總之，內部人力都必須看得懂數據，以確保組織正確地執行合宜的數據治理策略，並且順利取得成功。

第三，在看到Dataversity所提供的定義時，我們就會發現數據治理可能包含其它重要的原則，如數據管理、數據品質等等。在這些情況下，數據素養都賦予了每一個人能力，像是成為傑出的數據管理師、確保人們瞭解何謂數據品質及其為何重要等等。數據素養使人擁有能夠瞭解這些重要原則的能力。

第四，也就是最後，數據素養幫助個人瞭解公司為了推動數據與分析策略所投入的科技及軟體。當個人經由數據素養而充分瞭解數據，日後有助於成功的策略和技術一旦擺在面前，他們自然就會懂得數據如何運作、為何如此運用數據。

總的來說，組織若想在數據與分析法上取得成功，數據治理是不可或缺的，而數據素養則是協助賦予個人能力，使其透過治理獲得成功。

數據素養與倫理規範

由於這個世界一直都需要適應數據產出、數據使用的增加，以及社群媒體在數據上的實際發展，管制數據的世界短期內出現了越來越多相關的法規和思維。我們見證了法規的通過及實施，如歐盟旨在規範並保護數據的「一般資料保護規則」（General Data Protection Regulation, GDPR），也見證了人們針對名符其實的「黑箱」（black box）演算法在使用上是否符合倫理道德而提出關切，因為他們發現該法出現偏差、偏誤，就連結果都帶有種族歧視。大家在歷經這些種種之後，甚至接二連三地發起更激烈的對話，討論該拿這些問題如何是好。因此，我們可以邁入數據素養這個不可思議的世界，幫助我們瞭解數據素養如何能夠影響倫理的世界。接著就來看看數據使用及數據素養如何能讓我們瞭解現況的實際範例。

範例一：個人數據的使用

我們當中有多少人曾有機會去註冊新網站，還要建立新的帳號呢？我希望此時人人全都舉手，代表大家全都有過。在這個過程中，我們多次看到「建立新的帳號」或者能讓我們用谷歌或臉書等不同管道登入的其它選項。當我們用其中之一建立新的帳號，新網站和既有的網站間就可能產生數據共享。現在，有些人可能明白這點了，但有很多人還不明白，或者說，在過去註冊新帳號時並不明白，但如此一來，數據素養便可在此帶來直接的效益。

當我們被賦予數據素養的技能，就能瞭解自己的數據通往何處、如何被他人使用，繼而做出有關如何登入、建立帳號等等更明智且經數據素養所啟發的決定。數據素養直接賦予個人在數據使用上的能力。

範例二：演算法的使用

大家聽說過「黑盒」演算法嗎？這個說法在全球已經變得非常普遍，它意味著有種演算法已經建構而成，但他人無法查看其中的過程、編碼之類的，欠缺透明度。基本上，「黑盒」演算法非常神秘，人們藉此產出許多產業都能使用的數據，包括組織的人事任用、銀行業，以及決定某人可否放貸的財務評估等等。所以，數據素養是如何在這方面派上用場呢？

數據素養能讓我們瞭解數據的使用，以及演算法可能如何帶有偏差、誤導大眾等等；還能讓我們秉持著正確的懷疑態度，而這對質疑周遭的一切來說是必要的。比如說，有一種演算法提供了結果，告訴我們因為本身居住地的郵遞區號而無法取得貸款，但我們要是信用良好、工作穩定，而問題只是出在郵遞區號呢？演算法只看單一要素，但就因為這個單一要素，導致我們無法取得貸款。一旦看得懂數據，我們就能提問到「這樣不太對吧？」、「機器學習真的能夠納入外在因素並做出明智決策嗎？」，以及「我們是不是應該整個跳脫演算法呢？」

最後一個問題的答案是**不**！演算法有其力量，只是不能它說什麼，我們就信什麼。我們需要「人力要素」的力量，也就是數據素養，來幫助我們拆解這些結果，並確保經蒐集、共享的資訊確實引導了大家採取正確的行動。

範例三：法規實施

當我們看到歐盟「一般資料保護規則」這類的新法規，要普羅大眾付諸實施可能會有困難，因為坦白說，他們對於法規的內容毫無頭緒。數據素養能讓身為個人的我們瞭解眼前的法規和規定，也能讓我們幫助這些法規在通過並生效之後順利實施。接下來就把「一般資料保護規則」當作主要範例，協助我們瞭解數據素養如何能夠落實這項規定吧。

「一般資料保護規則」剛推出時，有些行業受到較大的影響——可能是銀行業，由於他們需要執行全新的規定及公開事項——同時業界的人因為並不熟悉「為何」必須落實新的政策，而感到困難重重。他們雖不明用意為何，卻仍遵守照作，於是，我們又回到了數據素養。

相較於缺乏數據素養，個人一旦具備數據素養，「一般資料保護規則」便算不上是什麼大挑戰了。內部人力或個人看得懂數據，法規執行起來就可能順利得多，而負責落實並合理解釋相關規定的個人也能同時幫助他人瞭解這麼做背後的「原因」。猶記此法實施當時，同意條款與公開事項不但變得越來越多，並且需要得到我的許可。由於我知道事情的來由，所以很樂於簽署那些條款，然後繼續下一步。但對於未必任職於數據領域的其他人而言，他們可能會面臨例行業務中斷，也會越來越常質疑為何要簽署這份或那份免責聲明才行。隨著存疑的人越來越多，這類的中斷便可能導致組織的服務中止。內部人力在具備數據素養的技能而且愈益強大之後，法規才能在遠更理性之下付諸施行，鑒於數據相關的法規推動得更加順利，組織和社會也因數據素養而雙雙獲益。

範例四：合乎道德地使用數據

我們要是私下使用數據做出決策呢？我們應該要遵守哪種倫理道德，才能確保使用時合乎條理、有效成功？我們可以一遍遍地在與數據相關的決策過程中看出個人固有的偏見。我是指，不需要其它進一步範例，只要看看整個政治圈就明白了。數據素養如何協助我們確保自己能夠說明並致力於消弭個人在用數據決策時所抱持的偏見？數據素養又如何保證我們在使用數據上普遍合乎道德規範？

數據的世界充斥著欺詐、不道德的決策以及合乎個人說詞的誤差數據。看得懂數據，同時能夠瞭解我們出於個人的目的而在哪裡不當使用數據，能讓我們致力於做出更有效的決策。一旦看得懂數據，我們應該就能看出自己身在何處、哪邊可能出錯；應該就能質疑一切、立場堅定，並能讓我們瞭解自己在決策時是否有所偏差，或是不道德地使用數據；也就能夠破解他人可能在哪方面以數據立論，但卻沒向我們說明整體概況為何。我的意思是，就最後一點來說，「政治」和「媒體」可能就是兩大最不道德的數據使用端。

數據素養的確能讓我們看出人們在使用數據上哪裡道德、哪裡不道德，而且我們必須賦予自己這樣的技能，如此一來，才能幫助社會發揮更進一步的影響。

整體而言，說到數據的道德與規範，全世界尚且處在萌芽的階段。我們正在見證人們越來越常試圖規範數據，同時也越來越成功。為了讓這類的計畫順利執行，我們不能單單落實法律和規定，還得確保人們已經具備強大的數據素養技能，這才有助於人們瞭解這些規定的重要性，並且確保他們有效利用數據。

本章摘要

正如各位在第一章所讀到的，數據的世界相當廣泛，速度也逐漸加快。數據素養的世界更是龐大，還包含諸多不同面向和主題。組織的數據與分析之旅應始於數據與分析策略，不同面向才能發揮作用，以建構出拼圖中那幅精美的圖畫。

在本章的討論中，我們從數據素養之傘的角度切入探討數據素養的主題。這把傘雖然不夠廣泛，但卻明確呈現出數據素養中的不同領域。即便它並未全面一一列舉數據素養中的所有主題，但它的確展現出這項效力強大的主題所可能具備的深度及廣度。我們越是學習、探索這項主題，就越能回憶起這些不同的領域，並幫助我們想到這項主題還可能涵蓋哪些其它不同的領域。

註釋

1 Davenport, T and Patil, D J (2012) Data Scientist: The Sexiest Job of the 21st Century, Harvard Business Review, October issue. Available from: https://hbr.org/2012/10/data-scientist-the-sexiest-job-of-the-21st-century (archived at https://perma.cc/44AP-9T2M)

2 Violino, B (2019) 6 Ways to Deal with the Great Data Scientist Shortage, CIO, 22 May. Available from: https://www.cio.com/article/3397137/6-ways-to-deal-with-the-great-data-scientist-shortage.html (archived at https://perma.cc/JDD8-6CQU)

3 Knight, M (2017) What is Data Governance? Dataversity.net, 18 December. Available from: https://www.dataversity.net/what-is-data-governance/ (archived at https://perma.cc/YZ9D-P2KC)

第五章

讀取並訴說數據的語言

我們瞭解數據素養的定義涵蓋「讀取數據」、「用數據工作」、「分析數據」和「用數據溝通」的能力四大特點，而當我們想到這個定義，有項特點可能會特別突出。人們經常問我：四大特點中哪一項最重要？其實，一如大家所知，它們都很重要，只是當我覺得有一項特點比其它三項略勝一籌，這樣回答就有點心口不一了。那項特點正是「讀取數據」的能力。一般來說，讀取的能力正是一種釋放中的能力，讓我們能夠辨認、學習，並靠自己提出構想。讀取也讓我們能夠瞭解現況。有了數據，讀取的能力必不可少，因為個人才能看著數據和資訊，理解眼前為何；有了讀取的能力，個人才能繼而把這項能力轉譯成訴說數據語言的能力。訴說數據語言的能力有助於個人理解、找出眼前為何，並向他人傳達自己有何發現。我認為，可以透過一則故事或範例，幫助我們強調正在討論的內容。

想像一下你已經規劃好一次美好假期。你對這次假期興奮已久，因為此事不但列入你的願望清單，也一直很想走訪那個目的地。隨著越來越期待，你開始認真地研究想要參加哪些活動、參觀哪些地點、光顧哪些餐廳（美食才是最棒的部分，不是嗎？）。基本上，你已經投入了時間和金錢，為這次美好假期做準備。

你在準備時，決定不即興而為，反而針對重點行程擬定策略，如去程及回程日期、下榻旅館、交通成本及容不容易抵達（公共轉運還是租車前往）、匯兌等等。這些都有助於讓你覺得自己已經準備就緒，然後你對這次千載難逢的假期興奮不已，巴不得即刻啟程。

隨著時間逼近，你準備在漫長的航程開始前早早抵達機場、辦理登機，時間還多到足以吃頓大餐。你登機後入座，面帶微笑，手拿甜點，同時頭戴耳機，以助你漸漸入睡、小憩一番。飛機起飛，你輕闔雙眼，幻想著這次假期會有多麼愉快。當飛機落地、抵達目的城市，你迫切、興奮地下了機，快速通關，抓起背包，準備找到最近的計程車載你進城。一如大家所知，最後這部分總是進行得十分順利……於是我們開始想像你暢行無阻，正在打開計程車的車門。

你一進到計程車，司機就開始對你說起他的母語，也就是該國的第一語言。你開始感到有點壓力，因為司機完全不會說你的母語，而且你聽不太懂司機在說什麼。最後，你充分努力溝通，直至對方聽懂你的訊息：你的旅館位在何處，然後你想前往旅館。從搭乘計程車到旅館的這一路上，你一次次的告訴自己，語言不會是阻礙，一切都沒有問題。

當你抵達旅館，有人幫你打開車門、協助你走到櫃檯，於是你辦理了入住手續。同樣的，關於你的母語，這個人說得也不是太好，但這次他們至少聽得懂，說的話也足以為你提供幫助。你進入房間，等不及要進城探險，而當你一啟程，你就開始注意到周遭用你母語寫成的東西並不多（謝天謝地，還好有谷歌地圖和導航系統，對吧？）。你四處遊走，興奮地想嘗試某道當地的料理、吃上幾家餐廳，大快朵頤，結果居然發現他們全都不會說你的語言，就連菜單上寫的也都是當地的語言，於是你開始感到挫折。這次度假時，你在不同的地區也遭遇到同樣的狀況。你原先規劃好的美好假期，結果竟演變成一場災難。怎麼會這樣呢？而且這和數據素養究竟有什麼關係？其實通通有關！

組織一旦開始實施數據與分析策略，內部人力能夠瞭解上述策略可說是非常重要。組織若欠缺讀取和瞭解數據的能力，極可能會成為無法順利採行數據與分析策略並獲得成功的重大挫敗點（frustration point）。即便欠缺閱讀和瞭解數據的能力並不是組織內唯一的問題，但這仍可能令大眾感到困惑、挫折。有多少試圖透過數據與分析法取得成功的組織和個人正在遭遇這類理解上的難題呢？首先，許多組織和個人在採用數據與分析法時，並不像我們在面對放假那樣，會去制定一套扎實且完整的計畫；再者，許多組織在試圖藉著數據與分析法取得成功時，都會感到痛苦萬分，苦苦掙扎，因為公司上下根本沒有說著同一套數據與分析法的語言，也就是後來所謂的「數據暢流」。我的意思是，請大家思考一下：在商業界，可不可能有另一種語言帶有比數據與分析法還要更艱澀難懂的字彙呢？來看看幾個構成這種複雜語言的字詞或縮寫詞吧，比如說開放數據協助計畫（open data assistance program, ODAP）、線上分析處理（online analytical processing, OLAP）、馬可夫鏈分析法（Markov Chain Analysis）、數據架構（data schema）、星狀架構（star schema）、大數據、商業智慧、人工智慧、擴增智慧（augmented intelligence）、結構化與非結構化數據（structured and unstructured data）、統計學、貝氏統計學（Bayesian statistics）、機率等等，這些都只是清單中的一部分而已。那有沒有人很好奇，大家為何沒有一窩蜂地去記住這些所有的字詞呢？

現在想像一下你的組織正提出強大的策略，同時火力全開地踏入數據與分析法的世界，以建構出扎實的計畫和願景；換言之，飛機已經落地了。組織對於數據與分析法所公開呈現的可能性興奮不已，進而投入完整的數據源、即將派上用場的科技和數據品質等。結果組織一踏上這趟數據的冒險之旅，竟發現人們一臉困惑地四處遊走、掙扎地要說些有意義的對話，而在這諸多對話之中，至少都會有一人因為幻想著下一餐要吃什麼而睜大雙眼傻傻地盯著講者看，茫然失措。

要在數據與分析策略上取得成功，數據素養和數據暢流可說是扮演著關鍵的角色。其實，我們可以把數據暢流或訴說數據語言的能力稱作是數據與分析法世界中的神秘要素。想像一下，我們要是能讓組織中的每個人都說著同樣的數據與分析語言而感到自在呢？分析、數據和資訊之類的自由流通正是幫助數據與分析法順利成功的有效方式。想像一下這會對內部人力帶來多大的影響吧。好了，請注意，我並不是說人人都要用完全一模一樣的方式流暢地說著這種語言，不不不，計畫不該是這樣的。想像一下，假若你的組織要求你學習組織中統計人員所使用的全部字彙；假若他們還說，你應該要學習你們開發人員所知道的那一整套編碼語言。你們會有多少人遇到這種機會，然後直接說「就這麼辦」呢？（你們有些人可能就是統計人員，並對人人都要學習你們的字彙感到開心，不過，哎呀，很抱歉，我們在這邊要做的不是這個。）

計畫不該是教導每一個人一模一樣的語言和能力，反之，我們應該想像一下，自己是否幫助公司中的每一個人都對說著相同的語言感到自在。這並不意味著我們的程度全都相同，而只是像在教化時期那樣，希望讓人人都能說出口、有自信地與他人溝通。這意味著有些人的語言能力較為進階，有些人的字彙量比較稀少，但組織上上下下說起數據都能暢行無阻。這關乎能讓公司進行數據相關的對話，且在人們的臉上較少看到「小鹿撞見車頭燈」的表情。這種訴說語言的能力不但幫助數據與分析法更順利流通，也有助於強化數據素養的第一項特點——讀取數據。整體而言，組織和個人都會看到數據與分析法獲得提升。

為了幫助我們瞭解數據素養，還有讀取數據和數據暢流會在成功的數據與分析上帶來怎麼樣的巨大影響力，我們將會深入探討以下主題：

- 讀取數據；
- 定義數據暢流及其對組織可能的意義；
- 數據字典；
- 組織可用以強化數據暢流的策略。

最後，我們將會帶領各位探討一則完整的範例分析和其中數據驅動的決策，讓我們看出在數據與分析的整個過程中數據的讀取及對話的流動。

讀取數據

我們已經在第三章探討過讀取數據，所以並不打算在此重覆這個重點，而是透過幾則有關「讀取數據的能力及其對組織、個人或社會之影響」的實際範例，來幫助我們延伸讀取數據的定義。就來看看幾則不同的範例吧，其中說明了讀取數據是如何促進某種程度的成功或帶來某種階段的成果。以下即將探討的三則範例包含了使用數據推動風險管理、美國網球公開賽（US Open Tennis Championship）中數據的力量，以及可口可樂善用數據增添美味的力量。

第一則範例帶我們進入風險管理的世界。數位世界中，風險管理是組織不可或缺的技能和過程。我們有多常聽到數據與分析法的道德倫理？又有多常聽到數據隱私？其實，這些我們都常常聽到。為了減輕投機行為、冒險活動等帶來的衝擊，在數據與分析法之下具備風險管理的技能可說是必要的。能夠在組織上上下下傳達這點——特別像是在金融機構——更是極其重要，而我們在此想要深入探討的範例，正是新加坡的大華銀行（United Overseas Bank, UOB）[1]……他們知道銀行會使用數據協助風險管理嗎（我希望他們是使用數據來推動風險管理）？

在這則範例中，大華銀行使用數據幫助銀行裡的其中一項流程從十八個小時縮短到只要幾分鐘，所以說數據的力量是不是很神奇呢？藉由這項能力，該銀行便得以推動更多的即時分析法。在此出現了一個人們固定都會問我的問題，那就是數據與分析法及其所能帶來的力量會不會導致人們變懶呢？我想說：倘若有項流程過去要花十八個小時而現在只要花幾分鐘就可以完成，想想看這會為你空出多少自由的時間，以進行妥善地分析？這就是「組織中必須存在數據素養」為何如此重要的原因之一。

如今，時間加快可能又會引發另一個有趣的問題，那就是人們如果無法讀取眼前的數據和資訊，組織該如何是好？對此，我們又能看出讀取數據的力量了。讀取數據是一種觀看資訊並理解其中傳達什麼的能力。一旦具備這種能力，銀行已經付諸施行、以便利用數據成功分析的策略，才更有可能達到潛在的效果。於是，隨著策略的實施，讀取數據便能使內部人力協助推動適度的改變，進而帶來影響。只要組織具備強大的數據素養計畫，這些全都是可能實現的。

接著來看看另一則有趣的應用，內容是關於美國網球公開賽如何利用數據來強化運動迷的觀賽體驗。美國網球公開賽年年舉辦，是全球最大型的網球賽事之一。最頂尖的網球選手在場上相互激戰的同時，人們則透過這場賽事摸索如何加強、提升並且優化「球迷體驗」(fan experience)。我自己身為運動迷，十分清楚有效又有趣的「球迷體驗」真的有助於留下記憶，並且投入賽事。你有沒有去看過大型的運動比賽？我猜大部分人都去過，也都很享受那種氣氛、那份激昂，還有與支持球隊同在一起的感覺。要是這些體驗能夠經由數據與分析法獲得強化，然後變得更刺激呢？美國網球公開賽和國際商業機器公司（International Business Machines Corporation, IBM）[2]就是正藉著相互合作、為球迷提供更棒的體驗。

IBM的人工智慧系統華生（Watson）正努力推動球迷可能從沒見過的知識、資訊和體驗。運用人工智慧，如今單一球迷將能更瞭解網球比賽、清楚賽事期間前往何處觀賽，最終還能為廣大的球迷擷取賽程中的精彩片段。除了幫助球迷，分析法也能幫助球員成功獲勝。好了，或許有些人會說，這樣會導致球賽失去本質、變得索然無味，但數據與分析法如今可以告訴球員在這場比賽投入了多少精力，這不是非常有效嗎？球員能夠利用數據更加瞭解自己在賽場上的表現。網球絕對不是唯一一種仰賴數據與分析法來優化運動員的運動。

從教練和球員瞭解自己所投入的努力到達哪個程度，乃至球迷能夠瞭解眼前用以強化觀賽體驗的資訊，我們就能大致看出，讀取數據的能力在美國網球公開賽前前後後所帶來的力量。最後一個我們用來研究讀取數據的範例，則是你我最喜愛的汽水公司——可口可樂（百事可樂的粉絲們，拜託，別太沮喪了）。

人們可能會問：讀取數據如何能夠強化、幫助可口可樂公司？隨著我們研究、瞭解這些過程，就也來看看其它組織能把類似的技術運用在業務中的哪些方面。一開始，我們先來探討幾則特定的範例，有關可口可樂是如何處理數據，並善用數據賦予組織力量[3]。範例一：當可口可樂公司發行櫻桃雪碧（Cherry Sprite）口味，是蒐集數據後直接得出的結果。因為客戶點購汽水時，都會加入糖漿強化原本風味。藉著取得這樣的Insight和資訊，即可研發出新的口味。範例二：可口可樂使用人工智慧機器人——一種基本的小型智慧機器——協助他們與客戶溝通對話。在這個範例中，人工智慧機器人就是自動販賣機的一部分，可協助客戶把飲料混合調製成他們確切想要的風味。若要瞭解如何混搭不同風味以強化客戶體驗，那麼用這種方法可以說是棒極了。範例三：可口可樂公司利用社群媒體來瞭解產品在不同社群媒體管道間所呈現出的樣貌。藉著使用社群媒體這類非結構化數據，該公司可以瞭解較廣大的消費族群是如何分享、使用這些產品，還有他們對此作何感想。以上這些範例僅僅從三個面向去探討可口可樂這家優秀的公司是如何利用數據讓自己獨占鰲頭，並成為全球公認的頂尖品牌[4]。

如今，我們探討了三則在組織或賽事中使用數據的範例：進行風險管理、分別在美國網球公開賽及最後所提到的可口可樂公司中促使粉絲獲得更棒的體驗。透過檢視這些不同的實際範例，我們可以看出公司是如何因為直接讀取數據而受益，而你還能在組織中找到其它讀取數據的範例。

- 追蹤行銷活動的趨勢和模式，同時瞭解組織如何在不同的狀況下行銷成功；
- 瞭解組織中構成客戶資料庫的人口統計資料；
- 瞭解能讓組織在對的時機點研製並發售新產品的不同市場趨勢，同時幫助公司瞭解新產品的發售在市場上成功與否。

大致上，組織若想採用數據素養的計畫並在順利執行成功，讀取數據可說是一種強而有力的方式。藉著能讓內部人力有自信地觀看並瞭解數據和資訊，我們也就能迅速地促進公司在數據與分析法上取得成功。

數據暢流

為了開始研究數據暢流的世界，就先回到我們牙牙學語並學著識讀的時期吧。其實，我們不必回到那麼小的時候，只不過早期語言和口說發展的原則及概念有助於我們瞭解這部分；我們真的想要採用語言訴說的相關概念，於是，我們又重回到本章的一開始。還記得我們當時所規劃的精采假期嗎？後來怎麼樣了？很遺憾地，它不如預期順利。由於我們欠缺訴說當地語言的能力，導致那次的假期窒礙難行，而這正是所有的組織所面臨的情況。組織對於數據與分析法、可以達成什麼等等有著很宏觀的想法，但卻因為缺乏理解而遭逢挫折、處處碰壁，所幸有一種偉大的策略工具有助於組織克服這些障礙，而它所呈現的形式最是簡單，那就是數據暢流。

一如本書的定義，數據暢流是一種訴說並瞭解數據語言的能力，基本上是一種傳達數據，以及用數據溝通的能力。在全球各地，「數據暢流」這說法偶爾會和「數據素養」交替使用，但那並非本書所使用的方法。本書旨在定義數據素養為「讀取數據」、「用數據工作」、「分析數據」和「用數據溝通」的能力，而數據暢流則是訴說並瞭解數據語言的能力，兩者有別。你或許猜得到數據暢流會對數據素養最後一部分的定義——用數據溝通——帶來直接的影響，不過，為了幫助我們瞭解數據暢流的力量，我們打算結合「訴說數據語言的能力」和「數據素養定義中的四大特點」。我們透過這個觀點，將能看出數據暢流如何成為貫穿數據素養的有效方式，還有數據暢流又是如何成為這項整體策略的關鍵要素。

一開始，先來看看何謂「訴說並瞭解數據的語言」，同時找出數據暢流的意義。為了幫助瞭解，我們可以回顧一下自己是否曾經試著向某人解釋某事，但卻發現那人後來只是一臉困惑地盯著你看。你有過類似這樣的對話嗎？請先把數據與分析法的對話丟到一邊，只要先想想一般的對話就好。你曾有過和某人對話，然後在那三十至四十五秒間他一臉茫然、眼神呆滯，你這才發現他根本就沒聽懂你在說什麼嗎？對話時，他人為何會感到不知所云？我們要怎麼做才能確保自己正在清楚地傳遞訊息？

這正是數據暢流的關鍵。組織建構、推行有關數據語言的使用及常規，隨著他們開始發展這種共通的數據語言，數據相關的對話便能在日後催生更多的決策，因為瞭解對話內容的人變得越來越多。以往——或者現在依然如此——這些對話難以產出結論，也難以歸納出應該採取什麼行動，多是因為聽者不瞭解對話的內容，但如今有了數據暢流，人們訴說著共通的數據語言，我們就能把對話當成正在賦予人們自立自主的能力，整個公司組織也就能用數據有效溝通，同時催生Insight，並推動公司藉由數據啟發的決策更進一步。

我們可以透過一則簡單的範例來看看這是如何運作的。想像一下有一名數據科學家執行了一項分析，並產出強大的結果。有了數據暢流，許多內部人力都瞭解數據科學家做了什麼，還能實施分析所得出的Insight和決策。至於接下來的範例，我則要大家想像一下，有一名數據分析師執行了一項強大的計畫，目前已經呈報給管理團隊，同時希望管理者接受這項新計畫；一旦有了共通的數據語言，管理者就能輕鬆地瞭解這項新計畫（我相信，大家都很希望讓領導階層瞭解自己的計畫或請求）。最後，想像一下組織上上下下都具備數據與分析法中的共通語言、都有資訊自由流通，所以也都能執行計畫、分析與策略。為了確保組織在數據與分析策略上順利成功，數據暢流可說是一項決定性的要素。

總的來說，公司組織自由地傳達數據和資訊的能力並非是可有可無，它可是必備條件。圖5.1應會幫助我們更樂於接受數據暢流的力量。一如圖中所示，這裡

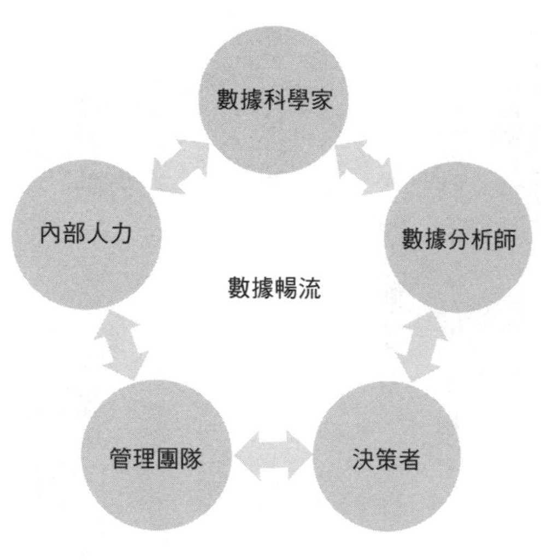

圖 5.1　組織中的數據暢流

有著自由流通的資訊，而從數據科學家一路到數據分析師、決策者、管理團隊，乃至最後的內部人力，我們都能看出，公司若要在數據與分析策略上順利成功，資訊的自由流通會帶來不可思議的力量，我們不該讓「數據暢流」構成阻礙。為了協助實現這點，敬請各位善用訴說相同語言的能力吧。

數據字典

為了替組織建構出數據上的共同語言，數據字典可說是非常有幫助。「數據字典是用以提供資料集或資料庫相關內容的詳細資訊，如測量變數（measured variable）的名稱、其數據類型或格式，以及文字敘述。數據字典亦提供瞭解、使用數據的簡要守則」[5]。這項定義或宗旨妥善描述了何謂數據字典，還有它應該被用在哪些方面。接著來看看一則我在職場上碰過的例子，說明了個人既沒使用數據字典，也沒遵守有效的數據暢流做法。

在這例子中，我負責替一家金融服務公司經營大型的商業智慧團隊，而我和團隊的任務是要替終端使用者建構儀表板、建立數據字典並擔任來源紀錄系統（source system of record）。記住這個關鍵：我們應該要擔任來源紀錄系統。在數據中我們有許多指標，而且正在用這些指標為團隊建構出強大的儀表板。

有一天，我接到了全美消費者集團總裁行政助理的來信或致電，對話中，她向我問到一兩個指標、試圖找出相對於他們職員所提供的指標，我們所提供的指標是多少。換言之，有一名職員分享了一個我們所提供的指標，但那個數值和我們的不一致，而且還是從別處取得的。在這種情況下，為了迅速得到結果或回覆，這位職員其實可以詢問他所認識的其他人，或者他們如若擅長編碼，便可自行產出數值，這樣似乎還不錯，不是嗎？但問題在於，他們使用的並不是我們手邊對

「指標」的定義，因而提供了不當、錯誤的指標。隨著這個數值「公諸於世」，或者換句話說——對大眾公開，這個問題甚至會急遽惡化。所以，這個團隊如今正試著爭先恐後地找出方法，看看如何才能減輕已經造成的問題。

這何以構成數據暢流的不良示範呢？首先，這位職員並沒查閱我們先前所建構好的數據字典，以找出我們是如何定義某些指標，於是並沒依據正確的定義產出資訊，因而阻礙了自己獲得正確的答案；再者，他並沒充分地傳達數值的影響，或是藉著正確地傳達來源和數據，瞭解到這些數值將來可能的影響。

總的來說，數據字典為個人和組織提供了一處強大的地點及位置，以便精準地產出數據，但願這能讓公司組織免於個人和公司之前所遭遇到的那些麻煩。藉著使用數據字典降低風險或使數據透明化，公司便是正在賦予人們能力、說起數據相關的共同語言。

讀取數據及數據暢流的策略

既然我們已經探討過讀取數據及數據暢流，問題來了：我們要如何實施？我們應該採用哪種策略，才能更完善地執行讀取數據及訴說數據語言的工作？一如數據與分析策略的其它領域，「簡單」就是答案。

為了讓數據與分析策略能夠順利成功且帶來優渥的投資報酬，它必須回過頭去結合組織的目標與宗旨，但很遺憾地，這多半行不通，因為數據與分析策略常常是和公司策略彼此獨立、互不相關的。大家千萬別落入這種陷阱了！你要確保它們緊密結合，數據與分析策略也被用來當作順利推動公司策略的工具。數據與分析策略的面向要符合數據素養的面向，數據與分析策略中有些部分也要回過頭去結合讀取數據及數據暢流。

有了讀取數據和數據暢流，組織上上下下就會具備共通性及標準化的學習，但這並非一體適用。我們為了在有關讀取數據、數據暢流等等學習數據素養方面獲得成功，就要先瞭解負責培養這些技能的員工已經具備什麼技能及其舒適程度為何。評估每個人的技能及舒適程度能讓組織瞭解到他們需要採取什麼步驟、發起何種學習。一旦我們完成評估、運用個別的評估值，每一位受評估者就能進一步去學習如何更妥善地讀取數據，接著，也才能學習如何更有效地運用數據的語言。這樣應能讓組織避免困擾，同時藉著數據更加成功。

組織範例

說明並瞭解「數據語言將會如何幫助組織藉由數據與分析法取得成功」有助於我們每個人看出組織上下的數據流動。就來用一個公司組織當作範例吧：公司為了發售新產品，而期望去研究並瞭解當下的市場。一開始，我們將會研究始於高層、自「產品構思」向下流至「產品發售」的數據流。

在公司中，管理團隊一直都在思索向全球發售新產品，而他們是如何想出這項新產品的呢？組織透過調查、蒐集市場數據和研究對手，判定自己手上已經具備了充分瞭解市場的數據，同時看出市場有對新產品的需求，而團隊為了提供協助，肩負起分析所有這些數據和資訊的任務，並能找出關鍵的指標和趨勢，讓管理者做出明智、理性的決策。這正是讀取數據和數據暢流——或者是說數據溝通——的第一個步驟。我們有些人可能從沒注意過，不過這類的案例其實很多。

我們首先要檢視的領域，就是團隊「讀取數據」的領域。在這個領域會有個團隊被分配到瞭解市場現況，以及有哪類產品得以填補市場缺口，而該團隊經由分析和讀取數據，便能仔細辨認出產業和地域間的多項缺口。妥善讀取數據的能力能使團隊和分析師正確地瞭解市場，團隊因而必須有效地向管理團隊呈現數據和資訊。在這個例子中，我們可以看出數據暢流的部分發揮了極大的影響力。倘若分析師和／或管理者的團隊無法分享彼此的想法，或者有效地聆聽，管理者還能夠理解資訊，以做出更明智的決策嗎？也因此我們又可以清楚地看出人們必須如何有效地讀取並傳達數據流和資訊流。

管理團隊一旦核准新產品，就必須向適當的團隊傳達自己的要求，以製造出這項新產品。這也是數據嗎？當然是！我們必須瞭解到，數據不僅是數字，還是團隊間能夠相互傳遞的資訊。管理團隊和分析師要向建構這項產品的團隊傳達適當的資訊。商品團隊也得要能夠瞭解分享給他們的數據和資訊，同時不僅讀取眼前的數據和資訊，還要在推動這項商品的過程中持續和組織內的其它部門溝通。

我們是否開始看出，這種數據和資訊的自由流動並不只佔企業目標與宗旨中的一小部分？我們所探討的這則範例不但簡單，假設性也夠強，但我們可以明確地看出讀取數據和訴說數據語言的能力如何能夠幫助組織實現其目標與宗旨。這一點也能運用到許多不同地方：

- 想像一下，有家汽車公司期待推出新的車系。對於正確推出何種新車以及應該在何時發售來說，讀取數據、資訊及市場的能力將會是不可或缺的。
- 思考一下從網飛到葫蘆（Hulu）等等這些如今我們所能挑選的串流服務。在這些服務中，不管是發行新頻道或新電影的能力、針對觀眾想看什麼而建構預測性模型的能力，還是跑模型以看出觀眾喜好的能力，可能全都取決於組織有效讀取數據並傳達數據的能力。
- 思考一下醫院和醫療照護體制——尤其在我們處理危機或其它問題時。醫院能夠持續充分地掌握使用中、手術中等等的病床數，可能取決於醫院能夠瞭解、讀取其所接收的數據，並且有效地與個人、城市，乃至整個國家——有些案例是如此——進行溝通。
- 最後，思考一下政府因應災難、經濟、疫情等等興衰起伏的能力。妥善地讀取數據並有效地和公民團體或全體居民溝通的能力正是關鍵所在，而這同時也是個人數據素養的本質，因為我們希望公民看得懂數據，這樣他們才能真正地瞭解政令和目標，藉此更進一步。

本章摘要

整體而言，數據素養有四大特點：「讀取數據」、「用數據工作」、「分析數據」和「用數據溝通」的能力，而讀取並瞭解數據的能力或許正是一切的開始，因為一個人若無法「讀取數據」，他又如何能「用數據工作」、「分析數據」，終而「用數據溝通」呢？我們在本章中涵蓋了一些重點，先是關於讀取數據，再來才是關於訴說數據的語言。隨著我們邁入後來的章節，你將會看到讀取和訴說數據的語言是如何成為數據素養中更重要的一環。

註釋

1 Kopanakis, J (undated) 5 Real-World Examples of How Brands are Using Big Data Analytics [Blog], Mentionlytics. Available from: https://www.mentionlytics.com/blog/5-real-world-examples-of-how-brands-are-using-big-data-analytics/(archived at https://perma.cc/4RKM-UJEF)

2 Suzor, T (2019) The Future of the Fan Experience at the US Open [Blog], IBM, 27 August. Available from: https://www.ibm.com/blogs/watson/2019/08/the-future-of-the-fan-experience-at-the-us-open/ (archived at https://perma.cc/64Z4-55AZ)

3 Marr, B (undated) Coca-Cola: Driving Success with AI and Big Data, Bernard Marr & Co. Available from: https://www.bernardmarr.com/default.asp?contentID=1280 (archived at https://perma.cc/P2ZX-NA49)

4 Kahn, Y (2019) These Are the Top 10 Brands in the World in 2019. Facebook Isn’ t One of Them, Business Insider, 18 October. Available from: https://markets.businessinsider.com/news/stocks/interbrand-top-10-brands-in-the-world-2019-10-1028610273 (archived at https://perma.cc/65FM-DGM2)

5 U.S. Department of Agriculture, Definition of Data Dictionary. Available from: https://data.nal.usda.gov/data-dictionary-purpose (archived at https://perma.cc/KYA7-AKE5)

第六章

結合數據素養及分析法四大層次

在前面的章節中，我們有機會一窺分析法的四大層次，有時也稱作分析四大層次。為了喚起我們的記憶，分析法的四大層次分別為「描述性分析法」、「診斷性分析法」、「預測性分析法」及「指示性分析法」。這四大層次一旦被納入整體的計畫和推動數據與分析法的方法，便有助於組織發揮整體的潛能，更別說是在這些領域投資大把銀子之後取得的報酬了。接著，人們可能會問：數據素養怎麼會跟分析法的四大層次有關呢？回到了我們對數據素養的定義，亦即「讀取數據」、「用數據工作」、「分析數據」和「用數據溝通」的能力，我們就會發現，數據素養的每項特點都在分析法的四大層次中扮演著重大且不可或缺的角色。

為了幫助我們能更深入瞭解分析法的四大層次及數據素養，我們將會拆解分析法的每個層次，再個別結合數據素養的四大特點。為了達到這點，我們將會透過範例來揭示這幾大層次的整體力量。

數據素養及描述性分析法

回想一下，分析法的第一個層次即描述性分析法，簡言之，就是觀察性分析

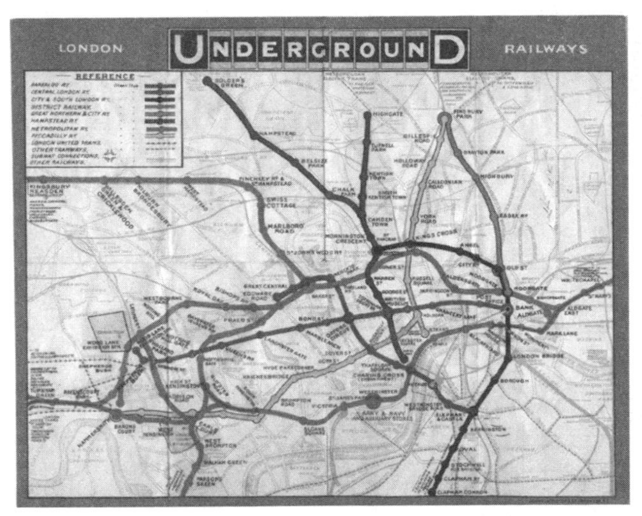

資料來源：作者不明

圖 6.1　倫敦地鐵路線圖，一九〇八年

法，我們只要大致回顧過往事件，即可從中獲得知識、取得理解。這是組織不可或缺的面向。組織必須知道以往發生過什麼，才有助於規劃未來、瞭解銷售趨勢何以下滑、清楚行銷活動的表現如何，還有其它數不完的原因。數據素養如何能在描述性分析法發揮作用呢？

數據素養的第一項特點是讀取數據。我想，這部分很直截了當、明白易懂。在描述性分析法下，無論你是在觀看報告、儀表板或者經過視覺化的數據，你都必須具備理解眼前資訊的能力。比如說，請你看看這張一九〇八年倫敦地鐵經視覺化後的圖像（圖6.1）；你看到了什麼？我們可以看到地鐵有不同路線，以顏色深淺不同來區分，以及各條路線所停靠的站別。大家看出來了嗎？這張視覺化的圖像大致是很直接、易讀的。當乘客在讀眼前的數據和資訊時，便能從容地知道自己要透過這系統往哪邊去。

再來看看另一則範例：假設性的美國政府財政支出（圖6.2）。在這則範例中，我們能夠讀取眼前的數據和資訊，而你分辨得出美國政府在哪一方面支出最多嗎？

總的來說，這兩則描述性分析法的範例都很容易讀取，因為它們是由很有效的數據視覺化建構出的。切記，讀取數據也就是我們能夠觀看並理解眼前的事物，而這些事物可能是數據視覺化、年度報告、投影片簡報等等。我們必須確保我們正在經由數據素養賦予個人和組織能力，好讓人們在面對描述性分析法時能夠讀取其中的內容。

小記：我們不會在本書中探討一堆你在進行數據視覺化或編製報告時可能會變糟的情況，因為這些在班．瓊斯（Ben Jones）的《避免數據的陷阱》（*Avoiding Data Pitfallss*）或史蒂夫．韋克斯勒、傑弗里．薛佛和安迪．科特格里夫合著的

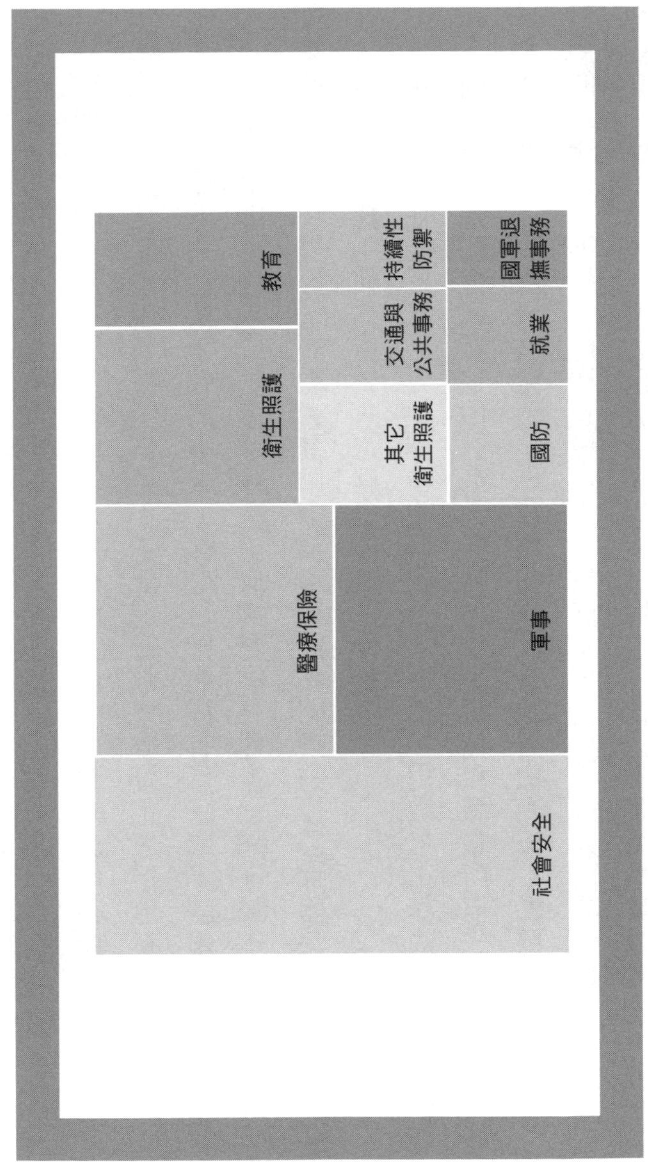

圖 6.2　假設性的美國政府財政支出

《儀表板大全》等其它書籍中都已經探討過了，我們的目標是要幫助大家瞭解讀取描述性分析法的重要性。

數據素養的第二項特點當然就是用數據工作。用數據工作和描述性分析法是相輔相成的，尤其是用數據工作免不了要進行數據視覺化，但也有可能還有一些你沒有注意到的用數據工作的方式。你是否曾經握有月底或年度報告，同時看著裡頭的預算和營收數字？你是否曾經在電腦螢幕上看著一份向你分享行銷活動點擊率的報告？你是否曾經看過其中穿插著一兩張圖表的投影片簡報？這些全都是個人能夠用數據工作的方式，也就是描述性分析法。

至於描述性分析法，對組織中不同的角色而言，用數據工作的意義可能也有所不同。我們都知道組織是由許多不同的角色、職位和職責所構成。對有些人而言，用數據工作可能只是做做投影片的簡報或是看看儀表板；對另一群人而言，他們的工作是要創造、建構起描述性分析法；再對另一群人而言，他們則是要下達指令，點出公司需要的是哪種描述性分析法（在此牽涉到用數據溝通，指的是傳達你需要從數據獲得什麼）。

當組織在處理描述性分析法時，用數據工作大致有許多面向。對每個人來

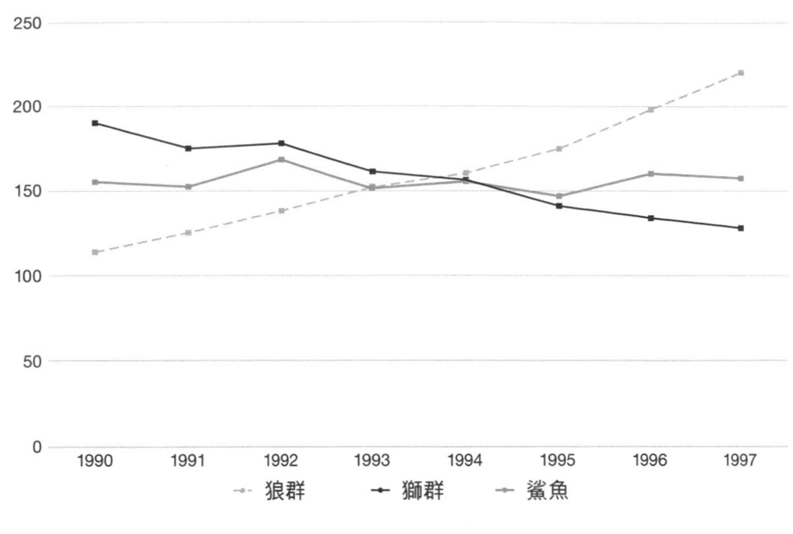

圖 6.3　動物總數的範例

說，要劃定並瞭解一個人的舒適程度，以及他對「如何賦予個人這些技能」的數據素養是否抱有自信，是取決在組織和個人自己。

數據素養的第三項特點是分析數據。對觀察性分析法而言，分析數據是很直截了當的，也就是觀察重點、趨勢，還有眼前數據的「現況」。比如說，若有人給了你一張圖6.3的折線圖，你能夠告訴我狼群、獅群和鯊魚的趨勢嗎？有關狼群和獅群，野生狼群的總數正在增加，而獅群的總數正在減少，這顯而易見。那鯊魚呢？它長年看起來都蠻穩定的。

我們分析、觀察了數據。這裡的關鍵在於我們僅僅觀察數據，而沒有判定獅群的曲線「為何」如此，只知道表象而已（一旦討論到數據素養和診斷性分析法，再請大家關注其中的「原因」）。

數據素養的最後一項特點則是用數據溝通。這項特點或許看似簡單，但在某些情況下並非如此，而且很遺憾地，訴說數據的語言或數據暢流也不總是那麼容易（即便我們希望如此）。因此，一旦論及描述性分析法，我們就必須確保溝通是簡單扼要並且有效的。比如說，我們再看一遍圖6.3，就能傳達以下訊息：「我們觀察到在一九九〇年至一九九七年間，野生狼群的總數是增加的，野生獅群的總數是減少的，而鯊魚的總數則是起起伏伏。」我們在對話時應該小心翼翼，別讓這聽起來像是我們可以告訴他們「為何」如此，我們只能告訴他們我們觀察到什麼而已。

我們在用描述性分析法溝通的同時，也不需要華而不實的語言或者天花亂墜的想法。我們可以保持簡單、切中要點。一如我們在先前的章節所探討過的，我們想要創建共通的數據字典，和他人分享重要的描述性分析法，但卻是使用普遍且容易理解的語言。

整體而言，在數據素養的世界中，描述性分析法是很直接且容易明白的。我們能夠藉由數據素養在描述性分析法中完成許多事，但這取決於組織和個人有確實練習、提升數據素養的技能，以致描述性分析法能夠奏效、成功。

數據素養及診斷性分析法

分析法四大層次的第二個層次是診斷性分析法；我想要稱之為分析法「原因」的層次。一如大家所知，描述性分析法是一種觀察性分析法，它是觀察正在發生何事，但卻不會告訴我們為何發生。於是，我們進入到分析法的第二個層次，也就是數據素養的本質。能夠找出事情發生的原因可讓公司組織真正地催生Insight，Insight又可進而幫助公司找到解答與決策。倘若你思考一下，我們是能進行觀察，但唯有在透過數據素養中的技能和能力深入探究時，Insight——或者「原因」——才會變得顯而易見。就來看看數據素養和診斷性分析法是如何搭配得天衣無縫吧。

首先，讀取數據是診斷性分析過程的第一步。作為數據素養的第一項特點，讀取數據意味著能夠觀看並理解眼前的數據和資訊。若有人要診斷數據和資訊，這一點可說是最重要的，同時，人們若要順利瞭解事情為何發生，讀取他們眼前描述性分析法中的數據和資訊可謂至關重大。讀取數據也能強化個人的能力，使其得以提出更多的問題、索求更多的數據，並且分析更多的資訊。

數據素養的第二項特點是用數據工作。用數據工作可以是深入探索描述性分析法並找出其背後「原因」的好方法。所幸有類似Alteryx、Qlik、Tableau等等的商業智慧與分析公司，於是我們擁有許多傑出的工具，不僅會構建出強而有力的分析及視覺化，還能讓你深入探究數據，並且掌控數據。圖6.4正是Qlik Sense儀表板的範例。

請注意此儀表板所提供的篩查能力。篩查能否讓我們那麼快就找出Insight呢？呃，也許能，也許不能。但基本上篩查能讓我們更深入探索，以找出Insight。對診斷性分析法而言，用數據工作可能又與職位有關，如同以下幾個範例：

- 管理者：管理團隊在診斷數據中的「原因」扮演重大的角色。一旦有報告、儀表板和其它資訊呈現在管理者面前，他們就會提出自己多年來的經驗，對

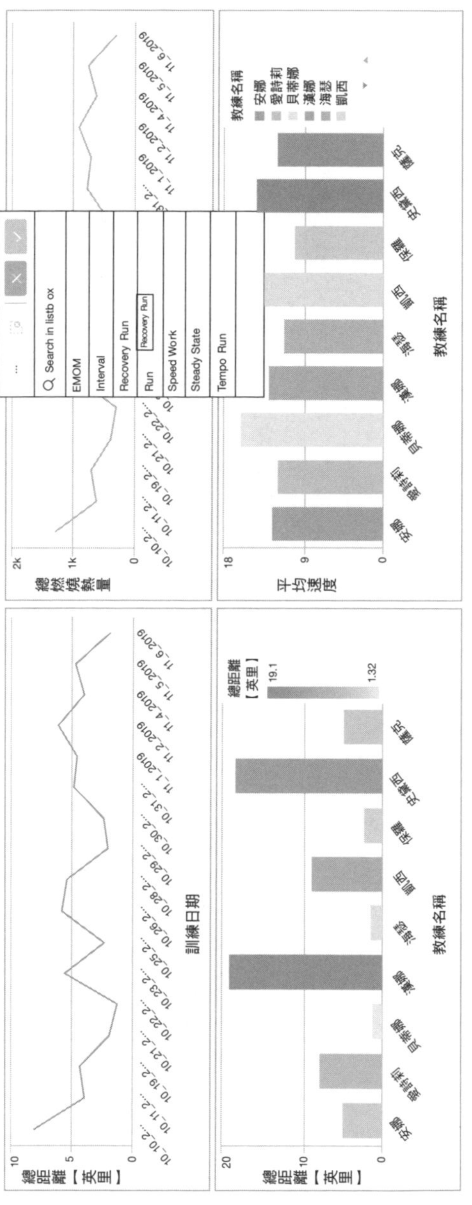

圖 6.4　Qlik 的儀表板範例

此大有幫助。管理者還可以發問、提出有益的概念，並協助激發更進一步的對話。他們可能著重於向具備相關技術和能力的人傳達他們認為正在發生何事，繼而要求深入調查。

- 數據分析師：數據分析師經由數據普及化、握有數據，而被賦予了數據的力量。數據分析師或許正是那個利用數據工作，建構數據視覺化，繼而篩查、掌控數據，以看出描述性分析法現況如何的人。
- 數據科學家：數據科學家會密集地用數據工作，以找出事物背後的原因。有了原因，我們才會在分析法的第三個層次中更深入探討這點，做出預測，並且設計模型。

組織中的職務類型當然不僅於此，還有很多職務，只不過診斷性分析法中用數據工作的形式真的是多不勝數。

數據素養的第三項特點是分析數據，這項特點在此可能略顯多餘，因為它本來就是診斷性分析法的本質所在。來看看一則就醫的範例吧。醫生旨在協助病患、診斷病情；首先他們會查看描述性的訊號，像是病患有什麼病徵，外在症狀如何等等，再利用自身的經驗和技能做出診斷、建立病例。為了妥善診斷病況，他們會轉而訴諸自身的技能、知識與學識，因為有了這樣的知識與學識，才能致力於找出患者的病況。

內部人力也必須如此。首先，他們未必全都具備診斷分析法的背景，但他們應該培養數據素養的技能，以確保找出正確、適當的「原因」。個人若要有效地找出Insight，用數據工作可說是一種強而有力的方式，同時，這些Insight也可用來賦予組織決策的能力。

數據素養的最後一項特點是用數據溝通。傳達數據有其必要，因為妥善地傳達Insight有助於催生出決策，倘若溝通不良，組織的決策很可能會徹底偏誤。但很不幸地，在分析法的世界中，訴說數據的語言或數據暢流並不總是有用、有效，於是學習數據素養成了一件必要的事。一如描述性分析法，診斷性分析法也必須簡單、扼要、有效。當我們用診斷性分析法溝通，不需要華而不實的語言，而是需要重點執行；我們可以保持簡單，同時切中要點。請利用共通的數據暢流，在診斷性分析的過程中建構出適當的溝通計畫，並培養起用數據溝通的力量吧。

那麼，正在使用診斷性分析法的範例有哪些？我還以為你們不會問到這個呢。

範例一

我們先前已經在第四章探討過運用描述性分析法及診斷性分析法的最佳範例之一，那就是倫敦在一八五四年所爆發的霍亂疫情（圖6.5）。傳言說（在這邊，我要強調「傳言」這詞，因為隨著時間久遠，傳言會散播得越來越廣，內容也會越趨古怪），約翰．斯諾透過數據視覺化協助控制疫情，也防止爆發新疫情。沒錯，數據視覺化的確有助於防止爆發新疫情，它的功能就是顯示、確認某些繞著水泵打轉的理論，而它確切幫助人們改變了對於霍亂的看法，因為當時大家普遍都認為霍亂是經由空氣所傳播。這就來看看這張視覺化的圖像，以瞭解分析法的前兩大層次吧。

首先，看看這張圖像，瞭解一下其中呈現出什麼訊息。約翰．斯諾要求某人在地圖上畫出爆發霍亂的案例，顯示出疫情是從哪裡開始蔓延。一如圖中所示，我們可以看出布拉德街附近——尤其是水泵處——有大規模的群聚案例，也能看出水泵所在的布拉德街附近的案例多寡。

基本上，我剛剛所做的只是描述性分析法——我能夠描述那個區域及其現況。進一步的分析則是會呈現出不同的現況，但我們先直接觀看描述性分析法就

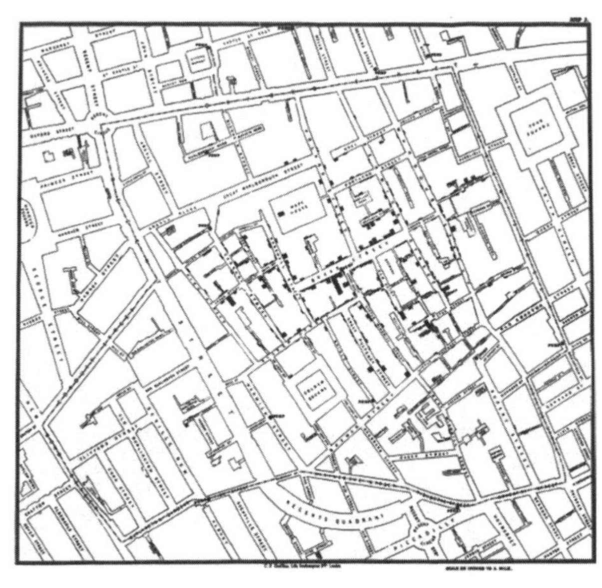

圖 6.5　約翰．斯諾的霍亂視覺化圖像，一八五四年

好（你可以自由地針對地圖上的不同面向進行更多分析，比如說啤酒廠，由於廠內的人可免費飲用啤酒而不飲水，所以有人推論廠內毫無任何案例）。

隨著我們逐一探討分析法的各大層次，我們看得出描述性分析法可以激發更多的疑問。如果我們以描述性分析來觀察，便可以如此思考：我們為何在布拉德街的水泵周圍看到如此大規模的群聚？尤其是在水泵左方有相當多的案例。其實我們既然看得出沿著布拉德街附近的案例很多，又怎會看不出鄰近街道的案例顯然較少呢？經由提問，我們可以深入探究起分析法的第二個層次：診斷性分析法。

我們眼前一旦有了這張霍亂數據視覺化的圖像，就能深入探究診斷性分析法的整個過程。在水泵周遭湧現大量的案例下，我們能夠開始提出關於水泵，或者關於布拉德街有哪些特徵、可以帶領我們找出水泵就是癥結所在的問題。沒錯，人們最終找出了受汙染的水質正是散播疾病的源頭。據說，約翰・斯諾協助革新了資料新聞學（data journalism）[1]。

範例二

在此，我們轉而看看銷售業的範例吧。放眼各大行業，業務專員無不希望行銷自家的產品、建立銷售線索（sales lead），同時帶來營收。那麼，描述性分析法及診斷性分析法如何能夠幫助業務團隊或單一業務人員成功做好自己的職位呢？隨著我們完整探討這則範例，你就會看出描述性分析法及診斷性分析法皆是組織中找到銷售線索的有效方式。一開始，先來看看**描述性分析法**是如何協助描繪並敘述組織中銷售線索的樣貌、客戶在不同的人口統計數據上如何分布，還有相較於預測值，數值的走向如何。

- 第一個案例是組織中銷售線索的樣貌。組織善用分析性軟體的力量——如Qlik或Tableau之類的商業智慧工具——便能把銷售線索的數據灌入數據視覺化的工具，藉以篩查並致力建構出有效的圖像，如銷售線索在不考慮機率大小之下的樣貌、如何依據銷售線索的地點而將其轉介給對應的業務專員，或者觀看其它產業，以一併協助描繪出哪一位業務專員才適合承接起這份銷售線索。一如你所能想像的，組織藉著使用描述性分析法，即能描繪出銷售線索的整個過程。
- 第二個案例是客戶人口統計的分類。一如你所能想像的，業務員要能夠看出客戶所在地、年齡層、年度收入支出及其它更多的指標分類，才能真正地瞭解組織的概況。
- 至於最後一個案例，觀察實際銷售的趨勢和預測值的差距則是非常重要的。組織若無法劃分預測值及實際值，可能就無法順利為業務專員設定目標，也無法全面確切地瞭解銷售組織的現況。我們的確要瞭解到，描述性分析法本身僅就預測值呈現出銷售值的概況，而我們應該得要深入探究這些案例的診斷層面才行。

就組織的銷售層面而言，隨著我們一路探討分析進程，我們也從描述性分析法進展到**診斷性分析法**。

- 在我們的第一個案例中，業務專員正在觀看組織中不同的銷售線索，透過自己所具備的數據素養技能，就能觀看銷售線索、讀取眼前的數據，並且找出哪家公司或哪條線索可能會比其它的更加有利。數據素養是一種強而有力、值得擁有的技能，因為業務專員只要能夠讀取眼前銷售線索的有關資訊，就能繼而用數據工作、加以分析，以籌劃未來如何迅速處理這些銷售線索。
- 第二個案例是瞭解客戶在人口統計資訊下不同的分類及排列。描述性分析法中的分類並無法呈現出業務專員手上不同客戶的整體樣貌，但業務專員藉由深入探討更進一步的資訊，以找出客戶為何有這樣的消費行為、購買這樣的產品，就能瞭解如何更順利地鎖定這些客戶，同時——這點也許更加重要——致力於建立起更良善的客戶關係，因為他們已經更瞭解到哪些客戶已經超乎描述性分析法的範疇。
- 最後一個案例則在探討對於希望訂定每月銷售配額的業務專員而言，瞭解到相對於預測值，實際營收的趨勢如何變化可能是關鍵。隨著業務專員研究了營收的趨勢，無論走勢是優於預期，還是低於預期，他們都得跨過僅僅涵蓋趨勢線和實際數字的描述性分析法，進而深入探索營收的走勢優於預期或低於預期的「原因」。固定這麼做可說是一種不可或缺的技能和舉動，好為每年、每月都要設定銷售目標的業務專員訂定基調，同時，這也能讓組織針對未來的預測及走勢更妥善規畫。

一如我們在霍亂和業務團隊的範例中所能看到的，能夠利用描述性分析法做出觀察分析，繼而把觀察轉換成「原因」或Insight，有助於推動公司內部的力量，而培養出讀取數據、用數據工作、分析數據取得Insight，最終傳達有何發現等數據素養的技能十分重要。我們要牢記最後一步：傳達有何發現。你能夠想像約翰·斯諾如果沒有傳達他個人對於布拉德街水泵的想法、理論或發現，疫情的爆發將會如何演變嗎？至於業務專員，你能夠想像他們如果從銷售線索中發現什麼，但卻不分享出去嗎？你又能夠想像業務專員如果發現人口統計數據顯示出「原因」會直接影響銷售預測但卻隱匿不報，他們會陷入怎樣的麻煩嗎？用數據溝通是數據素養的第四項特點。我們在描述性分析法及診斷性分析法中也需要力行並提升這項技能。其實，數據素養的四大特點對於個人在處理、安穩度過描述性及診斷性分析法的世界時，可說是大有幫助。

數據素養及預測性分析法

沒錯，分析法的第三個層次正是**預測性分析法**。預測性分析法和數據素養是怎麼講到一起的呢？其實，不是人人都得具備專業的技術技能，所以數據素養和預測性分析法又會有什麼關係呢？很不幸地，由於預測性分析法（及下個層次的指示性分析法）可能涉及編碼或統計等專業的技術技能，所以我們可能會忽視人人參與預測性分析法的必要性，而且這種心態將會危及數據與分析的整體工作。數據素養和預測性分析法可是有直接關聯的，這就來一探究竟。

首先，數據素養有一項關鍵且必要的技能，那就是讀取數據。在預測性分析法下，每當我們完成預測模型或是執行分析，就需要有人能夠讀取結果。對數據素養的技能抱有自信的個人能夠藉著讀取結果，繼而明白結果、做出決策。數據素養最終就是要利用數據做出更明智的決策。

第二，數據素養和數據暢流——訴說數據語言的能力——直接相關。請想像你任職於一家行銷公司的組織，然後你真的很想深入研究最新行銷活動的數據（此即數據素養的第三項特點：分析數據），問題是數據非常複雜，所以你得轉而尋求有人能夠處理這些數據，並執行比原先的描述性層次還要更進一步的研究。由於你試圖瞭解眼前的數據和資訊、診斷描述性分析法，所以你需要協助。藉著對數據素養的技能充滿自信，你就能有效地傳達你正要嘗試做些什麼。你能夠分享你的概念、想法和你所需要的事，還能與技術團隊相互合作，以順利完成你的分析。你看出分析法的四大層次是如何全面運作了嗎？

為了幫助我們更加瞭解預測性分析法，來看看幾則預測性分析法的範例，還有它是如何運用在數據素養上吧。

範例一：氣象學與天氣預報

我們當中有多少人會想知道未來天氣如何？又有多少人會使用手機上的天氣App，以確保自己穿著合宜？我知道我在出差時，一定都會使用天氣App或氣象預報的網站。有一次，我為了數據素養的業務得在十一月底飛往芬蘭，芬蘭的氣溫十一月底一定不溫暖，我也許不會帶錯外套，但我的確需要知道天氣如何，才能妥善準備行李。我在出差時固定都會這麼做，很多人一定也是如此。各位瞭解建構起氣象的預測模型要花費多少功夫嗎？我不會在本書中詳細探討，因為奈特·席佛（Nate Silver）已在《精準預測：如何從巨量雜訊中，看出重要的訊息？》（*The Signal and the Noise: Why So Many Predictions Fail – but Some Don't*）❶一書中向大家精彩地分享為氣象建立模型所帶來的力量，同時，氣象所呈現出的挑戰真的是獨一無二的。

首先，氣象系統非常複雜，如何在其中設立模型並建構預測性分析法都已經提升不少。正因為氣象如此複雜，如今擅長建構預測性分析法的那些人必須向聽眾及觀眾，也就是我們，傳達相關的訊息，我們——對於瞭解天氣預測充滿自信的這些人——才能做出氣候相關的決定。在這個範例中，可以再度看到描述性分析法的完備（預測值），診斷性分析法的完成（為何氣候會是如此），然後預測性分析法的模型也已建構完成（進行後來的預測）。同時，我們也看到數據素養的良好運作：讀取數據（建立數據模型的人和讀取預測以做出決策的人）、透過建構模型和處理數據的人順利地用數據工作、就技術面向分析數據，再傳達給外面的聽眾及觀眾。

範例二：運動

倘若有個產業，普遍會使用預測這個方式，那麼非運動界莫屬。你若有在觀看運動比賽，請回想一下，最後一次看比賽時，人們預測誰會在那場賽事中獲勝呢？他們是否預測你所喜愛的那名足球員或橄欖球員會得幾分？是否更進一步預測該球季的前幾名會是哪幾支球隊（這麼問或許比較恰當：有準確命中過嗎）？運動實在太過複雜、實際，以致團體、球員和球隊若想在參加的比賽中脫穎而出、順利獲勝，建立模型和預測性分析法可說是相當有效。在此，我想要更具體地探討運動上的預測性分析法。

美國ＮＢＡ會在各方面採行預測性分析法，資深數位分析師馬丁・霍森（Martijn Hosten）曾在一篇文章中寫道：「在ＮＢＡ這項最受歡迎的籃球賽事中，

❶ 譯註：三采文化出版，二〇一三年九月六日，蘇子堯譯。

人們也會在培訓策略上採行人工智慧和預測性分析法。比如說，模型能夠預測某個位置上的球員是會試著得分，還是過人（並傳球）。」[2] 若連NBA都已經在培訓策略上透過預測性模型進行策略性思考，那麼請大家思考一下所有的運動，以及預測性模型有著多大的可能性。

這裡有個潛在問題：要是那些建構模型的人拙於傳達自己有何發現呢？這樣還能順利運作嗎？答案當然是否定的。這顯示了我們需要幫助那些在數據與分析上技術扎實的人有效傳達他們有何發現，還需要教練和球員都對數據素養擁有足夠自信，以瞭解預測的訊息，同時也需要整體性的方法和策略才能順利成功。

範例三：目標行銷活動

最後一則是直接從商業領域中擷取的範例：我們規劃行銷活動時，應鎖定誰為目標？組織若試圖改善、瞭解並找出更好的方式鎖定客戶群，預測性分析法即可藉此賦予組織力量。這則目標行銷的範例可以實際揭露預測性分析法為目標方法所帶來的力量。請注意，要確保用於目標活動的預測性分析法並不帶有偏差或歧視。透過實際、整體的策略，我們可以看出數據素養是如何貫穿數據與分析策略和預測性分析法的組織工作。

當一家行銷公司的組織期望採取某種目標方法，建構預測性模型的分析師或數據科學家就應該去蒐集數據，因為他們藉由蒐集數據並確切瞭解組織所傳達的期望和目標，就能以目標方法為中心，致力於建構出相關的模型與分析，待一完成模型、得出結果，個人或團隊即能向對數據素養充滿自信且能瞭解如何執行的行銷團隊傳達這些結果，繼而展開活動。然後，隨著行銷團隊開始逐步接收活動的結果，他們才能開始反覆地分析預測。

透過以上三則範例可以看出建構預測性模型和數據素養都十分重要，也瞭解到人們應該要能夠讀取結果、用模型和數據工作、分析資訊，並且有效溝通。

數據素養及指示性分析法

當我們想到指示性分析法，我們就必須展開更技術層面的思考，但請記住，指示性分析法並不盡是技術導向，人們也不該這麼看待。你或許會問：我本來就不認為數據素養是技術導向，所以這邊是怎麼回事？沒錯！數據素養的確不著重技術層面，但你還記不記得數據暢流和能夠訴說數據語言的主題？當人們正在進行數據與分析工作、使用數據素養的技能，他們就有義務「對於瞭解或讀取來自指示性分析法的數據和資訊感到自在」，並且能夠有效與他人溝通自己所找出的決策和Insight也就變得非常重要。有鑑於此，指示性分析法究竟為何？

軟體平臺公司拓藍（Talend）的某篇文章中關於指示性分析法的定義如下：

> 指示性分析法是一種分析數據，並針對「如何將企業的現行方式最適化，以符合多面向的預測結果」提供即時建議的過程。基本上，指示性分析法利用「我們所知道的」（數據），廣泛地解讀那些數據以預測可能發生何事，再基於數據啟發的模擬內容而提出最理想的下一步。[3]

這篇文章之後更教導大家，指示性分析法利用類似的模型架構去預測結果，再利用機器學習、企業規則、人工智慧及演算法的組合模擬出各種方法，以因應這些眾多的結果。它還接著提出可能的最佳做法，以將企業的現行方式最適化，亦即「事情應該怎樣才對」。有了這些定義，我們就能看出可以如何結合技術方面和非技術方面。

第一，技術方面。人們在數據與分析法中拋出了一些他們認為可能「相當吸睛」的說法，像是機器學習及人工智慧。我們可以從指示性分析法中看出我們為何需要技術方面的員工。這些員工不但具備編碼、數據科學、統計數據的技能，同時還與數據、科技共事；第二，隨著機器學習及人工智慧日漸取代人類完成工作（我們不會在本書中探究這些主題，因為各地探討這類龐大且重要主題的書籍已經多不勝數），我們就需要有「人」在方程式的結果端，需要他們能夠轉譯、執行並確保決策強而有效。以下幾則實際範例可以幫助我們瞭解指示性分析法。

範例一：醫學診斷

在醫學領域中，機器學習及人工智慧的力量正在擴張、賦予人們能力，並且幫助醫學變得更加有效。想像一下你是一名醫生，身旁有台電腦正在載入病患大量的病歷、症狀、健康現況等等。身為醫生，你想要給病患你所能提供的最佳照護；藉著利用大量的數據和機器學習、人工智慧——如指示性分析法——所能執行的工作，你就能更有效地診斷病患，並給予指定的照護。想像一下你是一名醫生，手邊擁有機器學習及人工智慧，以助你精確地診斷出某種未經攝像即可呈現出來的癌症。想像一下你利用機器學習及人工智慧，協助創立疾病相關的新療法。醫學領域真的可以實現，也正在透過數據的力量來轉型。

你可能會問：那些喜歡在這方面唱反調的人呢？也就是不想採用這種方式的醫生、護士和管理者都怎麼說呢？基於科學的緣故，醫學可說是一個不斷進化的世界。在醫學中，「放血」是一種很普遍的做法，也就是人們會透過流放血液幫助自己好轉（沒錯，這麼說太過簡化，但你若想學得更多，可以自行研究或廣泛閱讀相關做法），而且這種做法已經持續至少三千年[4]。同時透過同一篇參考文獻，我們也能得知放血是到十九世紀末才停止施行，可說是相當近代的事。若不是人類改變做法並產出更多的資訊（若真要說，就是數據），我們迄今可能還在持續放血治療。好了，我不知道大家作何感想，但我很肯定自己非常高興醫生為了治療我的某些病痛，不再只是幫我放血然後暗自默禱順利成功了。

範例二：產品銷售

第二則範例是我覺得無庸置疑的一則範例，亦即產品銷售。我們如果打算觀察一家希望銷售產品、找出客戶目標產品之類的公司，你認為指示性分析法可能會對他們帶來什麼影響呢？答案若是「多不勝數」，那麼你就說對了。

來看看幾家我們喜愛的公司（呃，說是幾家「最受歡迎」的公司可能比較貼切）。請想像一下你正在為可口可樂執行數據與分析法。可口可樂是大家耳熟能詳，同時經常名列全球十大品牌的公司，而且這家公司懂得運用數據。在你擔任的職位中，你的職責是要找出最受歡迎的汽水口味、這些口味在哪最是暢銷，且應開始鎖定哪些品牌，以利可口可樂提升銷售。你是想要自己篩查所有的數據，還是擁有一台學習能力遠遠比你更快的機器（對，很抱歉，它們真的可以），用人工智慧拆解數據並助你找出正確的行動方針？我個人是打算選擇機器學習及人工智慧。好了，這是否意味著上述兩者永遠都能正確理解，不會出錯？當然不是！只不過，我們要是具備數據素養，就能重覆並強化我們的計畫。

另一家可以經由指示性分析法而大幅受益的公司就是福特汽車公司（Ford Motor Company，在瞭解福特於數據與分析法上投入多少心力之下，我知道他們是準備妥當、蓄勢待發的）。依據福特手上所掌握的所有數據和資訊，他們應該出產哪種汽車或卡車呢？新車又應該具備哪些特徵？最重要的或許是：這些特徵和改變將對車輛的安全措施帶來什麼影響？組織善用指示性分析法，便有能力逐步解決複雜的數據和模型、利用指示性分析法分析各種可能的結果，同時在強大、自信且具數據素養的內部人力下重覆並做出決策。

我們即將探討的最後一家公司，正是我個人最喜愛的公司之一，那就是迪士尼。迪士尼只要投入市場、成立遊樂園、發行電影、銷售新品，通常都會成功，鮮少失敗。要是迪士尼擁有機器學習及人工智慧的力量，以瞭解產品受歡迎的程度、下一部該拍攝什麼電影、雇用怎樣的職員並確保主題樂園的遊客總是開心盡興呢？這麼說吧，迪士尼在策略與執行方面非常出色，而他們在追求成功、投入心血的同時，運用機器學習及人工智慧可說是他們為數眾多的神奇工具之一。

總的來說，指示性分析法是有能力的。只要機器能去執行某些數據上密集、吃重的工作，就能讓內部人力空出時間，真正地在數據與分析法上取得成功，只不過，這與數據素養直接相關、密不可分：內部人力若對數據素養茫然失措、毫無自信，那麼，組織未來還會像迪士尼一樣成功嗎？

數據素養及分析法的四大層次——整體拼圖

隨著我們逐次探討本章，你或許能夠發現，為了在分析法四大層次上取得成功，數據素養扮演著多麼強大的角色。個人讀取數據、用數據工作、分析數據並用數據溝通的能力觸及到了我喜歡稱之為「分析法整體拼圖」的概念。組織若卡在了任何一個層次，我們就無法取得整體、健全的策略。讀取數據的能力讓我們得以做出觀察、瞭解現況，並懂得預測及結果。用數據工作的能力讓我們得以掌控眼前的數據和資訊，以深入研究並篩查、改變、建立起對資訊的全新觀點。這不僅能賦予人們相當的自主能力，還能揭露人們為了找出診斷性分析法的「原因」所需要的直接Insight。分析眼前數據的能力來自於讀取數據、瞭解數據，加上偶爾用數據工作，以得出變化、深入探討。由於我們必須觀看整體的輪廓，所以這些都只是分析法四大層次中的一部分而已。最後，我們必須傳達觀察的內容、Insight、預測和各式各樣的結果，溝通能力因而逐一貫穿了各大層次，如此一來，整體拼圖才有可能順利完成。

本章摘要

為了替本章做出總結，我們必須確保自己確實充分瞭解了數據素養及分析法的四大層次有何力量。即使是為了在數據與分析上獲得成功而投入大把大把的鈔票的公司，也有可能會忽略以上這兩個部分。實際上，當組織正在實施數據與分析工作，若沒充分瞭解分析法四大層次是由什麼所構成，這只會成為組織成功的絆腳石。我們從全世界有不少組織無法在投資數據之後獲得想要的報酬，就能看出這點。再者，為了確保組織能成功地執行分析法的四大層次，數據素養可說是必要的。人們若對數據素養不知所措、缺乏自信，我們也就無從指望他們在分析法的四大層次中付出心力，或是努力協助促成整體的拼圖，而真正地獲得成功。

記住這些部分之後，準備好完善的策略，用以學習、採納並建構這些計畫甚至變得更重要了，只不過，組織如何能在欠缺整體、完善的數據與分析策略之下做到這點呢？我們會在下一章找出何謂強大的數據與分析策略，以及數據素養如何發揮作用，尤其我們會逐一檢視內部人力，以瞭解不同的職位如何在工作上發揮不同的影響力。其中，我們將會探討的職位有高階主管、決策者、團隊領袖、數據科學分析師，以及個別貢獻者。大家還記得圖4.1的數據素養之傘嗎？我們是在第四章探討過這把傘下的某些領域，但不同的職位又會如何發揮作用呢？接著即將逐一探究數據素養及相關策略，提供答案。

註釋

1 Rogers, S (2013) John Snow's Data Journalism: The Cholera Map that Changed the World, *The Guardian*, 15 March. Available from: https://www.theguardian.com/news/datablog/2013/mar/15/john-snow-cholera-map (archived at https://perma.cc/435J-ZBJW)

2 Hosten, M (2017) Artificial Intelligence and Predictive Analytics in Sports: A Blessing for Some, a Nightmare for Others, We Are 4C, 4 September. Available from: https://weare4c.com/blog/2017-09-04-artificial-intelligence-and-predictive-analytics-in-sports-a-blessing-for-some-a-nightmare-for-others (archived at https://perma.cc/P5AE-R93U)

3 Talend (undated) What is Prescriptive Analytics? Talend. Available from: https://www.talend.com/resources/what-is-prescriptive-analytics/ (archived at https://perma.cc/DFV9-ANWF)

4 Greenstone, G (2010) The History of Bloodletting, BC Medical Journal,January and February. Available from: https://bcmj.org/premise/history-bloodletting (archived at https://perma.cc/3HJR-WYB3)

第七章

數據素養的學習步驟

截至目前，我們已經探討過何謂數據素養，而你可能會問：我要做些什麼才能開始學習數據素養，或是我要怎樣才能在數據素養上變得更有自信？我想向大家保證，你們沒有必要為了成為數據科學家或是學會統計學而重返校園，因為在市場上學習數據科學或統計學的機會反而更多。其實我們應該再三強調的是，不是人人都得成為數據科學家或統計學家，但是人人的確都該具備數據素養。

本章中，我們將會探討數據素養的學習策略，還有組織能夠做些什麼，以幫助個人在這些技能上更有自信。我們還會檢視公司能夠採取什麼措施，以建構出完善、扎實的數據素養策略，以及組織如何能夠藉著正確的學習類別，而賦予內部人力強大的力量。我們也會檢視數據素養定義中的四大特點，同時確保你在讀完本書之後，可以清楚明白自己**今天**就能採取行動並且著手改善。

組織若要瞭解數據素養的學習，就得先瞭解整體的數據與分析策略。個別展開上述的其中之一，都不會讓公司整體受益。事實上，在**不**瞭解公司整體的數據與分析策略下試圖建構起數據素養的策略，就像在不瞭解馬拉松到底是什麼就試圖接受馬拉松的訓練一樣。公司若要透過學習數據與分析法和數據素養獲得成功，就應該要：

- 清楚瞭解想用數據與分析法達到什麼；
- 瞭解想要如何賦予員工和內部人力強大的能力，並且幫助他們順利成功。

為了協助建構這樣的概念，我們在本章中會從學習的角度去探討數據與分析法的諸多面向：

- 領導及管理團隊的角色；
- 數據與分析策略及數據素養學習的角色；
- 數據素養的學習架構及方法（提示：這並非一體適用）；
- 為數據素養的四大特點而學習；
- 為強大的數據素養文化而學習；
- 最後，學習數據素養的其它重點領域（如數據倫理）。

個人及組織若想真正藉由數據與分析法取得成功，就要在數據素養的領域中不斷地學習與精進。

領導者的角色及數據素養的學習

一談到數據素養的學習，有個關鍵可以確保計畫和方案成功且確實可行，那就是領導者的角色。你若無法讓那些負責的人全部接受，方案是不可能成功的。你若沒獲得領導階層的同意，你覺得你在取得正確的金額以執行計畫或方案上會有多麼成功？我猜不會太成功的！不管是從計畫的角度還是預算的角度，你都需要領導階層的支持。因此，他們在學習數據素養上扮演哪些主要的角色呢？

領導階層在學習數據素養上所扮演的第一個角色，就是支持並接受為了成功推行學習數據素養所需的相關事物。你在職場上是否曾經因為清楚知道領導階層在財務上並不支持你的新計畫或新產品，或者因為你並不確切瞭解新計畫或新產品日後表現如何，而無從推動這樣的計畫或產品呢？換個方式問吧：你是否曾經因為相信領導者、相信他們所正製作的產品，或者相信他們正分享的願景而深受鼓舞，抑或甘心追隨他們左右呢？領導者擁有吸引追隨者的力量。內部人力如若看不到領導者接受數據素養的計畫，他們自己又為何要接受呢？來自管理階層及決策架構的領導者必須表現出對計畫的支持，在公司上下推動這項計畫，並確保自己在整個組織做到妥善且有效的溝通。

說到這裡，我並不想要小看一個關乎學習數據素養以及計畫成功與否，同時還可能遭到人們所忽視的關鍵領域：基層員工的行動力。對公司組織而言，有領導階層能夠接受並推動學習數據素養極為重要，但有基層能夠踏實地執行數據素養也非常有效。由於領導者試圖分享他們數據素養的願景並幫助內部人力獲得成功，所以在公司中擁有一群職員有助於推動組織對數據素養工作的支持、計畫及想望，而這對學習數據素養來說可說是關鍵的一步，因為這群具備數據素養的基層個體可能會在日後成為組織內部數據素養計畫的佈道者。數據與分析法的確是公司需求及想望中的重中之重，因此在論及數據素養的學習時，領導者無法視若無睹，冷眼旁觀。組織表達出大力支持的訊息是非常重要的。倘若你是組織中的領導者，除了說話之外，也請投入熱忱和力量，並希望藉著數據素養而賦予內部人力自主的能力吧。有些人可能會把數據與分析法視作無聊乏味或令人生畏的主題，但這正顯現出熱忱為何如此重要，因為這麼一來，團隊才會更樂於接受看懂數據所帶來的種種好處。身為領導者，你能夠有力、有效地為此設定基調。

有了正確的基調和心態，領導者還必須樂於投資組織內的數據素養學習。商業智慧與分析公司Qlik在其所進行的一項研究中指出,「即便有百分之九十二的公司決策者相信員工看得懂數據很重要,但只有百分之十七的決策者表示自己的公司大為鼓勵員工要對數據更有自信」[1]。換言之,別說得頭頭是道,要身體力行,公司必須適度投資內部人力才行。

曾經有人問我:你是先投資科技,還是先投資人力?答案似乎顯而易見——當然是人力。但很遺憾地,組織長年在科技、軟體和數據源等投入太多金錢,而忽略了人力要素。其實,答案應該就在於人力要素和科技之間有效的學習合作。領導者應先確保自己是滿腔熱血地投資在學習數據素養上,才能指望在投資數據與分析法後獲得可觀的報酬。

在通往數據與分析法的道路上,最大的路障和阻礙莫過於組織文化。組織文化若還沒準備好接納數據與分析法的工作,投資適當的軟體、科技和數據就未必能發揮作用。領導團隊必須確保公司正投資在正確的文化架構、文化結構上,同時強化賦權增能,這樣個人和公司才能妥善藉由數據與分析法獲得成功。這種文化必須兼具確保成功的力量及特點,而我們在本章稍後討論到個人學習的面向時,將會更深入探討。

數據與分析策略及數據素養學習的角色

現在，我們將會探討數據與分析策略如何與數據素養學習相互運作，並從以下兩大角度切入：

1、數據與分析策略的哪個部分涉及數據素養？

2、學習數據素養如何會在數據與分析上取得成功？

首先，數據素養的學習與數據與分析策略的關係為何？由於組織在數據與分析法上斥資數億，所以他們必須擬定強大的數據與分析策略，才看得到日後的投資報酬。整體、有效的數據與分析策略中必定具備「學習與增能」（learning and empowerment）這種強大要素。請各位把數據與分析策略想像成一台機器，設有特定的操縱桿，為了讓機器產出想要的結果，就必須拉下不同操縱桿。每根操縱桿都有自己所屬的目標和力量，其中一根操縱桿必須是妥善學習，其它則是適當的科技、數據治理、擷取數據源和最廣泛的清單（思考一下數據素養之傘）等。

當你妥善地拉下這些操縱桿，機器就能順利地運作，但若沒這麼做，機器也是可以產出物品，只不過看起來可能就完全不是你所想要的結果。請確保你的公司善用全面性的方法來推動數據與分析法，而且其中涵蓋人力要素的學習與增能。

第二個大家需要瞭解的策略面向，在於學習數據素養有助於確保人們有效理解數據與分析策略。在這情況下，我們幾乎是在處理一種「先有哪個」的場景：到底是先有雞，還是先有蛋；或者說，在這個狀況下，是先有數據素養學習，還是先有數據與分析策略？基本上，我們必須確保兩者都在創建中，以保證組織透過數據與分析法妥善取得成功。也請確保你的組織正努力讓全面性的策略就緒、利用數據的資產，同時著重在引入適當的數據學習及架構。當你正在學習數據、分析法等等，猜猜你的策略將會如何？你將會直接目睹策略順利成功，居間一塊塊的拼圖變得更強大、有效，經數據驅動所得出的決策也更強而有力。這就是推動數據素養及數據與分析策略的全面性方法。學習數據素養將能讓組織的內部人力瞭解策略以及策略的力量，還有如何有效執行策略。少了有效的數據素養學習，策略可能就無法達到預期的成效。我在私底下已經聽說過不少案例，其中組織就是因為沒採行全面性的方法，以致無法像原先預期的那麼成功。

數據素養的學習架構及方法

在本章一開頭，我暗示了某個非常重要的概念：無論是對個人還是組織而言，人們都不該把學習數據素養當作一體適用的方法。在有些產業或行業中，各個職位的學習方法可以完全相同，而且你手邊開箱即用的方法，對於參與這行業的每個人來說，也都通通適用。但數據素養並不屬於這一類。為了在數據素養的領域和範疇中建立適當的學習，就更該量身打造相關的學習內容，以符合個別需求，而且單一團隊和個人也都該對上述內容有更深入的瞭解。就來看看以下幾個不同步驟，只要經過有效執行，即可見證數據素養計畫順利成功。

步驟一：瞭解數據與分析的全貌及持有權

為了妥善地推動數據素養的學習策略，第一步即是由瞭解公司全面性目標及策略性做法的人來推動數據素養的計畫，而這些人可能來自公司中不同的部門（比方說，人力資源部相對於公司文化部，人資主管辦公室相對於資訊主管辦公室）。因此，透過扎實、完整的方法去推動數據與分析的工作不但有其必要，而且非常重要。有人可能會問：是誰持有數據素養的計畫？是某個特定團隊嗎？

問得好。我還真希望有個簡易的按鍵，點一下就能得出答案和解方呢。其實，每個組織都是在政策和程序各異之下，透過不同的方法構建且設計而成，而這些政策、程序、組織結構等等的不同並無法讓我們斷言：「數據素養一定是由某個團隊所持有、運用，並藉此賦予人們力量。」就如數據素養對組織和學習者來說並非一站式商店，我們也同樣無法斷言究竟是誰完全掌握了數據素養的工作。我們先前就已經討論過，關鍵主要在於管理或領導階層接受、相信數據素養，同時具有扎實且完備的數據素養計畫。倘若你的組織有數據主管，那太棒了，也許你就指望向這個人從頭到尾報告一遍就行；倘若你的組織沒有數據主管或分析主管，但資訊主管辦公室負責所有的數據與分析法，那麼你只要把數據素養計畫向那個人或該部門的團隊從頭到尾報告一遍就行了。向組織中擁有數據與分析法的高層徹底說明整個計畫，這才是關鍵所在。當組織用這種方式建立數據素養計畫，就會更容易瞭解數據與分析法的全貌，因為最有可能執行數據與分析計畫的那群人，如今也將成為執行數據素養計畫的那群人。這也將會讓領導階層接受整個計畫，因為你所挑選的那個人，應是來自組織中的管理團隊或領導高層。

步驟二：瞭解組織在數據與分析法的技能組合

一旦組織已經完全理解誰掌握了數據與分析的工作，也充分瞭解內部數據與分析的全貌與策略，人們就能邁入步驟二：評估內部人力。若要在數據素養上取得成功，這可說是絕對的關鍵！

正因公司希望執行正確的數據素養策略並推動成功所必要的投資，所以一開始就打好基礎便是關鍵。就像是建築或房屋，打好地基對於高樓本身的結構完整度及耐久性都是非常重要的，數據素養的計畫及策略也適用於類似方法。為了做到這點，組織應該著手瞭解並深入探索目前組織內部用來執行數據與分析工作的整體技能組合。為了讓公司推動正確的學習方向及學習策略，這項基本的理解可謂非常重要。

這類評估的關鍵，應是判定組織在哪些方面能力不足，還有哪些數據與分析法的領域需要更詳細深入的檢查。即便評估的方式有別，如Qlik的數據素養計畫著重在產品技術的行銷方式，Tableau的Tableau Blueprint則旨在協助創建受到Tableau所驅動的數據文化，但關鍵都在於找出不足之處。組織若能理解不足在哪裡，那麼接下來的重點便是找出正確的學習方向和學習計畫，以助縮小落差。

同理，合宜的數據素養計畫所具備的關鍵要素，也在於理解、評估組織及其內部人力。少了這項要素，一體適用的方式即便比較容易讓人接受、予以推動，但卻無法獲得組織所追求並想要的具體結果。

步驟三：設定適當的數據素養策略與計畫，達成預期的成果

在我們理解組織中數據與分析法的全貌，並藉由適度調查及評估整體衡量過組織之後，瞭解組織接下來要執行何種計畫便成了當務之急。這並不是什麼了不起的學問，但卻是組織要費時調查、評估以執行這種策略變得如此重要的原因。評估應扮演有效的藍圖，好讓組織據以找出、投入，繼而執行正確的策略。少了這樣的評估，我們如何得知所正用在數據素養方案上的計畫和執行策略是好還不好呢？我們若沒有評估整體的內部人力，又如何在尚未擬定想要的結果之下得知自己已經成功了呢？

最後一個問題也是數據素養學習和計畫的關鍵：**我們想要達成什麼**？這與瞭解組織內數據與分析的全貌相輔相成，亦即組織應要清楚明白他們正試圖經由投資數據與分析法達成什麼成果。在充分理解組織正試圖順利取得的結果是什麼並

深入瞭解具備哪些技能（並且因此存在的技能差距）之下，組織本身方能有效地執行正確的數據素養計畫。

為了找出好的計畫，組織應該要投資時間、精力和金錢，好讓正確的計畫順利就緒。單單因為某項計畫便宜或不那麼昂貴就「勉強同意」實在算不上是什麼好策略。當我們想到數據與分析工作的力量，這種工作所能為組織做的不是省錢，就是獲利。適度投資正確的計畫可說是這項工作的基本要件，因為在正確的數據素養計畫中進行正確的投資，最終才可能為組織帶來極為優渥的報酬。

步驟四：妥善地調查，並且溝通取得回饋

在因應學習數據素養的世界時，有個應該強調的關鍵，那就是好的回饋循環（feedback loop）所帶來的力量。為了幫助我們強調並理解回饋循環的力量，轉而看看一則我過去不斷重覆使用的個人範例吧，也就是我參加超馬時的訓練計畫。

在超馬的世界中，維持適當的健康是必備要件，而擁有正確的飲食習慣加上完整、有效的訓練計畫則是關鍵。這項訓練計畫不僅涵蓋長跑的距離，還包括良好的交叉訓練及肢體伸展，以確保身體在計畫執行期間不致精疲力竭或者受到損

傷，噢，當然也別忘了核心訓練[1]（core work）。另外，有一項你必須聆聽且貫穿一切的根本要素，那就是身體的回饋。隨著你針對如此超高強度且艱辛不易的活動進行訓練，外加超馬基本上都是從五十公里起跳再逐漸增至三百二十二公里以上（順帶一提，都是徒步），很多事是有可能發生問題的。假若你不聽從身體針對受訓情形、不同的痠痛與疼痛，以及什麼可以做到但什麼恐怕會出問題所給予的回饋，這樣訓練就可能失敗，不然就是可能會受傷。

數據素養的學習（和許多組織內部的程序和計畫）也可能發生類似的狀況。公司若不聽從數據素養計畫一路所傳來的回饋，就可能碰上許多原可免去的麻煩。因此，公司如何才能確保自己正在接收適當的回饋呢？

首先，建立起明確、透明的溝通。由於我一向都和公司組織共事，所以我發現到，適當的溝通策略和計畫有助於確保公司在執行數據素養計畫的一路上遇到較少的波折及阻礙，亦有助於公司確保訓練如實執行，而不只是電腦的背景多出另一封通知的郵件罷了。除了明確的溝通，也請保持直接、暢通的溝通管道，像是Slack或Microsoft Teams。

另一個確保回饋循環良好、有效的方法，則是針對數據素養計畫的參與者進行內部調查，同時，這項調查應著重在公司採用的學習策略、課程現況、學習者可能面臨怎樣的困難等等。當這些調查結合上述明確、透明的溝通，才能幫助參與者敞開心胸，坦承什麼管用、什麼不管用。最後，為了確保回饋循環良好且有效，請帶領參與者組成開放式的重點團隊，這可以是一對一，也可以是團隊對團隊，而且這些團隊應該能夠針對學習和計畫來討論。一如方才的調查，請利用這些回饋的團隊去瞭解哪些適用與不適用。

總的來說，這些回饋的機制可以針對組織所採行的數據素養學習計畫提出直接的Insight。少了這些回饋循環，組織便可能在學習數據素養的一路上經歷重大的挫折，轉而衝擊整體的數據與分析策略；反之，你若在數據素養的計畫中取得有效的回饋循環，就能找出你在通往成功的路上所會遭遇的障礙及不足，予以改善，並致力於助你邁向成功的整體策略。

❶ 譯註：旨在強化位於深層及淺層，分別用以穩定、對齊及移動身體軀幹的核心肌肉群（尤指腹部及背部肌群）之相關訓練，如棒式（plank）、單車式捲腹（bicycle crunch）等皆為有效的核心訓練項目。

步驟五：採用疊代法學習數據素養

回饋機制一旦就緒，我們接著該拿這些回饋怎麼辦呢？我們會針對數據素養的學習和計畫執行疊代法（iterative approach）。你可能會問，何謂疊代法？先瞭解「疊代」為何將會有所幫助。

在數據與分析法的世界中，組織正在蒐集越來越多的數據。隨著數據增加，組織就能升級模型，同時也更清楚情況和許多其它事物的整體樣貌。掌握了更清楚的樣貌和升級後的模型，我們也就能開始看出決策等等獲得改善。組織如若沒有接收更多的數據、更多的資訊，而只是一再使用陳年的老舊模型，那麼會怎樣呢？很遺憾地，無論你正從那個模型做出何種決策，情況都會十分危急且相當悲慘。組織會希望系統納入新數據，以協助改善並疊代過程。

這正是步驟四中回饋的力量。納入數據素養計畫中的回饋就像是納入模型中的新數據，能讓數據素養計畫的領導者找出計畫中那些必須更動且進行疊代的部分。「疊代」這詞意味著「反覆或重覆的行為或過程，像是在某種流程中進行一連串重覆性的操作，繼而得出一次比一次更想要的結果」[2]。有了數據素養的計畫，我們就能在數據與分析法中尋找有效的學習，好讓公司透過本身的數據做出更棒的決策，並獲得可觀的投資報酬。公司若要藉由投資數據而找到其所真正追求的成功，疊代可說是扮演著關鍵角色。

為數據素養的四大特點而學習

在本書中另闢章節探討如何學習數據素養的四大特點應該不足為奇。有件事要先澄清一下：學習數據素養是一輩子的過程。它不可能就這樣放進一本書，甚至是單一章節裡，而你所能做的，就是學習如何讀取數據、用數據工作、分析數據並且用數據溝通。因此，本章的主旨在於提供一些方法，好讓各位能把四大特點學得更好。我們將從定義中最重要的特點，也就是讀取數據開始。

特點一：讀取數據

當我們想到讀取數據，就來想一想學著讀書的孩子吧。身為人父，有什麼可以幫助我的孩子學習怎樣讀得最多、吸收最多呢？在家中，我可以仰賴幾個關鍵：導師或老師、演練和刻意練習（這將會是貫穿四大特點的共通方法），還有單純透過一貫的閱讀練習（這和刻意練習有別）。

導師或老師意味著什麼？對有孩子的父母而言，導師或老師就是明白如何閱讀並給予指導的人；對我們而言，當我們正在學習讀取數據，我們應該找到懂得數據或有過經驗的導師和老師，並善用他們作為我們的幫手。這並不意味著一定要面對面學習，從網路上尋找合適的導師或老師也行。在理想的情況下，此人應該要實際具備讀取數據的能力，也同時擁有教學的能力。

其次，由於我們正在學習讀取數據，我們應該從例行的學習過程中找出不同的演練方式並刻意地加以練習。刻意練習是過去十幾二十年來越來越流行的概念，基本上，這不僅是例行性地一遍遍練習相同的事物，而是意味著找出你要著重在哪些關鍵的領域和技能，予以練習、改善，從而更加努力，直到那項技能與你合而為一，內化成你的一部分。你可以把「演練讀取數據」當作刻意練習的一部分，但別只是一遍遍不斷地讀取數據——找出你比較疲弱或者缺少技能與知識的領域，繼而加強練習。

最後，你可以只是讀啊讀，讀更多的數據，當成例行性的練習。請找出有助於你學習讀取數據的書籍、儀表板和數據視覺化等等，緊接著練習，並且閱讀。

你在這麼做的同時，將會發現到自己讀取數據的技能變得越來越強大。

特點二：用數據工作

一如其它部分，我們將會看到「如何學習數據的四大特點」圍繞著以下主題，那就是找到導師或老師，找出演練的素材並刻意練習，最終練習、練習、再練習。

當你想到數據，特別是在你用數據工作時，實際上是負責什麼職位呢？你是數據分析師，還是數據科學家，又或者你是領導者，還是決策者呢？以上每一種職位對數據與分析法都非常重要，而數據素養也對這些職位極為重要。為了學習如何用數據工作，清楚自己運用數據時所在的職位才是重點所在。

當你正找在導師，請確保你清楚自己負責的職位，再去找出具備相關技能的人；當你正在找演練的素材並刻意練習時，請確保你所負責的職位需要這些。你可以透過很多管道找到練習的素材，例如Tableau、Qlik、YouTube或LinkedIn learning等等的商業智慧與分析公司。找出不同的途徑去學習如何用數據工作，然後練習、練習、再練習吧。

特點三：分析數據

一旦談到數據素養的四大特點，分析數據可說是相當有趣。當我們想到分析數據的技能，其中的形式可能各有不同：我們是指藉著統計資料分析數據呢？還是提出有效的問題分析數據？又或者是藉著儀表板、模型建構及數據視覺化分析數據？整體而言，一如用數據工作，我們想要確保我們瞭解自己所扮演的角色。我們未來若不會常常用到統計，研究統計對我們來說就沒有太大意義。好吧，我們是可以研究這些項目，只不過要先確定我們不致好高騖遠、不自量力。有如慢跑，我們若不是循序漸進、緩步加速，在抵達終點之前，肯定已經精疲力盡。

不管是哪種情況，這都和讀取數據、用數據工作類似：找到合適的導師或老師，找出合適的演練素材並刻意練習，然後練習、練習、再練習。請牢記分析數據的面向太多，最好從「實際評估個人在這幾大特點上的技能水準如何」開始。隨著你評估自我能力，也請深入研究不同的領域、找出你所熱愛的部分，繼而投身其中。每項特點都可適用這個道理：評估自身的能力，研究不同的領域，然後努力不懈。

特點四：用數據溝通

若要順利推動數據與分析，最後這項特點非常關鍵，因此，若要妥善執行Insight和決策，學習這當中的優質技能也可說是不可或缺。用數據溝通是如此重要，以致於麥肯錫（McKinsey）研究機構預測到了二〇二六年，光是美國，分析法轉譯師（analytics translator，即能傳達數據且用數據溝通的人）的需求就可能達到兩百至四百萬人[3]。組織若要在數據與分析方面順利成功，這個角色必不可少，因為它正是連接起企業和數據與分析法的橋樑。你若正在學習數據素養中某項關鍵的技能，那麼，精通用數據溝通的技能應會成為你的首選。

一如其它特點，導師或老師很重要，演練和刻意的學習是必要，同時整體的練習也應該完備。你若希望增強能力，就請常和別人談起數據與分析法，讀取、研究那些話語，再轉而運用在他人身上。總的來說，用數據溝通是一項必備的技能。切記，用數據溝通也意味著能夠瞭解並且聆聽數據。

這四大特點是你用來評估自我技能，亦即你對各項特點感到多麼自在的好方法。接著，你在明白自己落後多少之後，再著手加強也不遲。

為強大的數據素養文化而學習

一談到數據素養及其學習，組織若沒準備好，就會面臨一個必須致力解決的大難題，亦即組織文化。既然要在數據與分析法上獲得成功的最大障礙正是組織文化，那麼，組織必須處理文化就變得相當合理了。組織如何能夠確保數據素養的學習有效且成功呢？組織又應該推行哪些關鍵特點，以協助確保數據素養的學習順利成功、組織也已採用數據與分析策略（包含數據面和使用工具）並整體在數據上取得成功？我們將會探討組織所能採行、實施的各項步驟，以促進有效學習數據素養。有些步驟已經可以在本書中找到，但我們在此另外針對組織文化所能採用的全面性方法進行探討。

推行數據普及化

當我們普及某件事物，便是將其公諸於世；在這個情況下，就是我們正在對公司各個階層的數據進行普及化，同時把它交付在大眾的手裡，這可說是公司在數據與分析上順利成功的有效方式。公諸於世將能讓公司更留意資訊，也能讓它在檢視數據時激發更多的創意。一旦有了實際、強大的數據普及化，請你確保它結合了適當的數據素養學習，因為隨著你一併推動這兩件事，你從中所做的投資也就會更加成功。

力行公開透明

一旦提及數據素養的概念，公開透明意味著什麼？它意味著你完全透明，或者完全對外公開你正用數據做些什麼。請提供人們通往普及化的正確路徑，並讓相關的路徑通往一組又一組正確的數據吧。如今，公開透明並不意味著自由放任、不受控制——真正的數據普及化亦然——而是意味著在正確的閘道口提供正確的路徑，並為內部人力建立起強大、開放的溝通計畫。別對你正用數據做些什麼默不吭聲；讓大家知曉，也讓人們對此發表意見和看法。

推動學習

在一個論及學習數據素養的章節中，這一點應該不足為奇，但組織必須推動學習策略才行，而本章應可針對如何執行提供協助。

推行輔導

輔導可以是數據與分析法順利成功的關鍵。一說到輔導，我們想到的總是組織中那種已經行之有年、一對一的輔導計畫。請各位採用數據與分析法中的輔導計畫吧。你擅長建立起有效、可行的數據視覺化嗎？那真是太棒了，請以導師的身分輔導其他人吧；你擅長提出數據相關的有效問題，同時能讓組織找出答案嗎？這種技能不可多得，請務必分享出去，並協助他人學習如何提問吧。

但有件事我們必須瞭解，那就是一談到數據素養的學習文化，輔導並不只意味著一對一提供輔導，而是要在公司內加以擴充，並探索一些可行的其它選項，像是舉辦三十分鐘的午餐學習會，這樣人們就能帶著午餐，放鬆地坐在台下聆聽你的指導；或者在虛擬的環境下，邀請人們迅速地抓起他們最愛的點心，放鬆地坐著，接受你的指導。關鍵在於營造出一種輔導並指導他人的文化，這麼一來，相關技能才會開始流動至公司的四面八方，進而助長數據暢流。

實行數據暢流

我們已經詳細探討過這項主題，因此，在論及數據驅動及數據素養文化的背景下，我們只會簡要概述。倘若組織文化想要在數據與分析法上取得成功、想要數據素養的策略蓬勃發展，那麼，數據暢流可說是一項完美的素材，用以成功地烹飪出這道數據與分析法的料理。當組織文化全面說起數據的語言，該種語言，緊接著是組織本身，都能夠蓬勃發展。

請各位想像一下數據點、分析或Insight。當組織流通著某項Insight，致力於數據點及Insight的那些人就能和組織上下不同的團體分享這項Insight，然後，無論組織具備怎樣的技能組合、對於數據暢流和說起數據語言感到自在與否，他們都能在決策中執行Insight，對於發生過的事也都能處之泰然，不致無所適從。

推動領導階層支持

你是否在公司中或職場上嘗試過某件領導階層並不支持的事？結果如何？你想讓領導階層接受有關數據素養的文化計畫。這也就是說，你在獨立學習時，這不成問題，但你若想推動全面性的公司組織計畫，一定就要取得他們的同意了。

組織文化概要

大抵上，組織文化會是你在數據與分析法上取得成功的頭號路障。數據素養能夠賦予人們更完善的學習和技能，也會自然而然地幫助組織文化透過數據與分析法日益茁壯。敬請採用上述特點，好把組織文化帶往另一個層次吧。

學習數據素養的其它領域及重點

以下有些部分隸屬於數據素養之傘，需要組織內部善加學習，接著就來探討這些部分來為本章總結。

數據倫理

數據倫理——我們如何正確使用數據——是一個如此重要的主題，所以想必有針對這項主題的相關學習。組織必須能使內部人力瞭解到如何正確使用數據。其實，我們在二〇一〇年底就已經看出數據使用的道德面向逐漸浮出檯面、益顯重要，於是，為了推展數據倫理，有各種法律及規定相繼通過。隨著時間的演進，也有越來越多人工智慧和機器學習的相關規定、想法及概念陸續立法通過，甚至可能連法規都有了。為了幫助公司在數據與分析上取得成功，請確保人們已經充分學習並深入瞭解數據倫理。

數據科學

由於不是人人都要是數據科學家，所以把數據科學放在這裡似乎有點詭異，但我們姑且只是想要擴充數據素養而已。這裡的關鍵，就是在兩個不同的管道之間建立起學習的機會，第一個管道是「學習何謂真正的數據科學」（我的意思是，這個領域很神秘），第二個管道則是「幫助數據科學家和組織相互合作」。我們希望組織瞭解什麼是數據科學，還有——或許這更重要——什麼「不是」數據科學。藉由幫助公司學會這點，他們在工作上對數據科學家的期待就能切合實際（沒錯，數據科學家不會替你構建模型和分析，好解決你所有的不幸及工作上的難題）；再則，我們想要數據科學家學習更多企業相關的知識，還有他們居間扮演什麼角色等等。數據科學若能涵蓋這類的學習，便可萌生力量，在數據與分析方面獲得成功。

數據品質

請確保在數據素養的策略中納入數據品質的相關學習。倘若使用數據和用數據工作的人並不瞭解數據品質的目的何在以及為何需要數據品質，我們就無從獲得有效且完善的Insight。倘若模型內的數據毫無品質可言，Insight又能夠好到哪裡去呢？請教導後端的設計師，他們絕對需要為前端的使用者確保數據品質無虞，同時也請教導前端的使用者，他們絕對需要和設計師有效溝通自身的需求（你看，數據暢流的力量再次重現）。

組織還得確保在某些其它領域中涵蓋教育計畫及教育策略。個人和組織往往太過著重在「大規模的專案」、確保這些領域有人學習，而跳過一些其它「未知」的領域。為了確保你並未遺漏這些領域，請務必定期在你所任職的組織中自我審查。倘若你有不足，請找出不足所在，評估自己欠缺什麼，建構好學習計畫，公開透明，然後加以執行。

本章摘要

在探討數據素養的主題下，我們基本上都要學習，這並非巧合。既然不是人人都要重返校園、建立起數據與分析法的知識背景，在人人都希望進一步推廣更多的STEM或STEAM教育下，我們就得確保組織正在執行完善、強大的學習策略，好讓人人都能成功。你若是個人導向，就請設定好你的目標及想望，並執行自己的計畫。

本章中，我們探討了在龐大的數據素養世界中幾個關鍵的學習領域，而每個關鍵的學習領域對你的組織都非常重要。請仰賴領導階層推動你的學習策略。請確保你的組織已在執行的數據與分析策略涵蓋了數據素養的學習。請遵從有效的學習架構及方法。請確保你的數據素養學習策略著重在數據素養定義中的四大特點：讀取數據、用數據工作、分析數據且用數據溝通。請努力讓數據素養在你的組織文化上取得成功，最後，再從學習中檢視你有哪些不足，並藉著實施有效的計畫讓自己正面迎擊、接受挑戰。

對於個人和組織而言，學習數據素養非常有趣，既可催生Insight，又可賦予人們自立自主的能力。請找出你在哪些方面需要協助，然後迅速地開展計畫，努力達標。我們所在的世界需要有遠遠更多具備數據素養的社會，而這不單是為了我們個人的職涯，也是為了人類整體的生活。

註釋

1 Qlik (undated) Data-Informed Decision-making Framework. Available from: https://learning.qlik.com/course/view.php?id=1021 (archived at https://perma.cc/4VPF-FQQG)

2 Merriam-Webster Dictionary (undated) Definition of Iteration. Available from: https://www.merriam-webster.com/dictionary/iteration (archived at https://perma.cc/M3YT-ZJ7P)

3 Henke, N, Levin, J, McInerney, P (2018) Analytics Translator: The New Must-Have Role, McKinsey, 1 February. Available from: https://www.mckinsey.com/business-functions/mckinsey-analytics/our-insights/analytics-translator# (archived at https://perma.cc/K5V7-L9V2)

第八章

數據素養的三個C

我們已經在第七章檢視過組織能夠執行、落實有效的數據素養學習，只不過是從組織的層面切入。組織是由個人所構成，而且不單單是個人，還是個性、能力都不同的個人。人們最常問我的其中一個問題是：「我要如何展開數據素養之旅？」我們若希望建構起組織性的策略、真心想要它順利成功，就得把重點也放在個人身上，而這將會引發一連串新的問題，像是「個人應該研讀什麼？」還有「他們需不需要研讀統計學？」

而我會馬上回答你「不需要」。我們都很清楚自己不用當個數據科學家或是統計學家，但一定要正確地學習，才能有效地參與自己的數據素養之旅。我們已經探討過如何學習數據素養，而個人在邁入這個特定的世界之前，可以先從數據素養的三個C著手開始。

數據素養的三個C是好奇心（curiosity）、創意（creativity）和批判性思考（critical thinking）。為了幫助我們瞭解數據素養的三個C，我們將會基於「數據素養的特點」（讀取數據、用數據工作、分析數據並用數據溝通）和「分析法」（分析法的四大層次），分別探討這三個C。藉著深入探討這些領域，各位讀者將有機會瞭解到：一、如何在數據與分析工作上力行這三個C；二、個人如何能在職場及生活上落實這三個C。對於每一個希望在職場上針對數據素養更進一步的人來說，他們也應該要瞭解一件事，那就是數據素養也能落實在個人生活中。這三個C應該要成為我們日常生活中的一部分。

數據素養的第一個C：好奇心

數據素養的第一個C是好奇心。我很愛說：「人們說好奇心殺死一隻貓，但我說好奇心推動數據素養。」當我們想到好奇心，內心會想到什麼？對我而言，身為人父，我會想到孩子。孩子之所以這麼受人喜愛，就在於他們源源不絕的好奇心。孩子總是不斷提問，天南地北什麼都問。為什麼呢？因為他們正在試著解決事情。隨著年歲漸長，我們都面臨到一個問題，就是失去好奇心！作為成人，我們靜靜坐著，持續取得眼前的數據和資訊，但卻有多常對此感到好奇呢？很遺憾地，我們通常不會提出太多問題；通常看到什麼就接受什麼，然後就這樣保持下去。我們應該要更常拿出好奇心，也更常提出問題才可以。問題能在數據與分析法的世界中開啟許多扇門，為我們帶來啟發。實際上，「好奇心」的詞義是「你感到想要更瞭解某事的衝動」[1]，這向我們充分展現了好奇心的涵義。我們這就藉由檢視數據素養定義中的好奇心，展開這個「好奇」的過程吧。

在數據素養的第一項特點中，讀取數據的能力和好奇心不如說是雙胞胎。當我們讀取數據和資訊——能夠觀看數據和資訊，同時理解當中的訊息——這應會激起我們的好奇心，然後，這份好奇心連同讀取數據的能力有助於刺激我們繼續提問，以從眼前的數據和資訊學到更多，還能讓我們越讀越多，不斷地循環下去。

當高階管理者對數據素養的能力抱持自信，便構成了讀取數據以學得更多的良好範例。當有人向管理者呈報結果或是關鍵績效指標的儀表板，管理者能夠讀取數據、滋生好奇心，就會繼而要求那個人產出更多的數據。不光是組織中的管理階層，所有階層都應該做到這點。

一旦讀取數據，我們就能自然地轉換到利用好奇心以及用數據工作的世界。當人們讀取資訊、瞭解資訊，就能用數據工作，以找出更多的資訊和結果；之後，隨著他們繼續讀取資訊，也就更能用數據工作，如此不停地循環下去。我們可以從人們建構數據視覺化的世界中看出一則「用數據工作」結合起「好奇心」的良好範例。當有個人依據他所使用的軟體（如Qlik或Tableau）建構起強而有力、催生Insight的數據與分析儀表板，他就能運用不同的篩查方式、下拉式選單與標籤欄更進一步用數據工作。而我們在好奇心的驅使下，或許會在看看儀表板後，思忖其中可能還涵蓋什麼更多的訊息。比如說來看看圖8.1的儀表板吧。

這個儀表板呈現出我為了某次特定的比賽——美國萊德維爾百里越野超馬❶（Leadville Trail 100 Run）——所接受的訓練。我們在好奇心的驅使下，可能會問自己，有些人代表距離的長條為何高於其他人的？對不同的教練而言，較深的顏色代表什麼？這是代表我比較喜歡那名教練呢，還是他所給予的訓練遠更有效？你的腦海中可能會不斷地浮現一長串的問題。我們在好奇心的驅使下，就能為整體的視覺化進行分類、篩查，並取得問題的解答——或者說，至少「開始」取得解答——同時在持續好奇之下，建立起一連串其它的問題。

這正好直接銜接數據素養的第三項特點——分析數據。來看看圖8.2中的另一

❶ 譯註：全名「Leadville Trail 100 Run」，地點位於美國克羅拉多州的萊德維爾小城，賽道以土徑與山徑為主，穿越洛磯山脈中心；賽事口號為「The Race Across the Sky」（跨越天空的比賽），係美國一年一度的超級馬拉松，與「Hardrock Hundred Mile Endurance Run」（硬石100耐力賽，簡稱Hardrock 100）並列美國平均海拔最高的越野超馬。

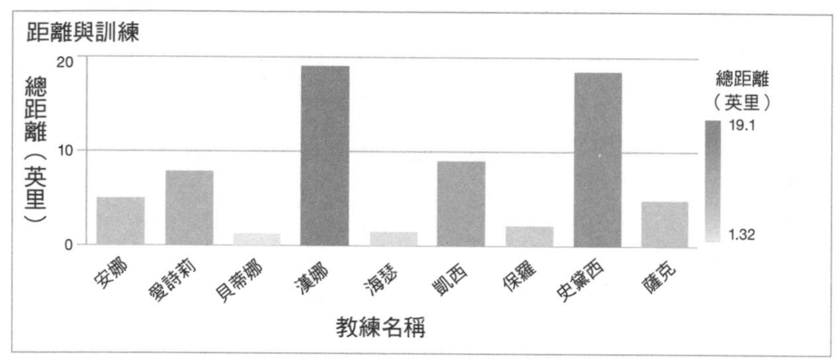

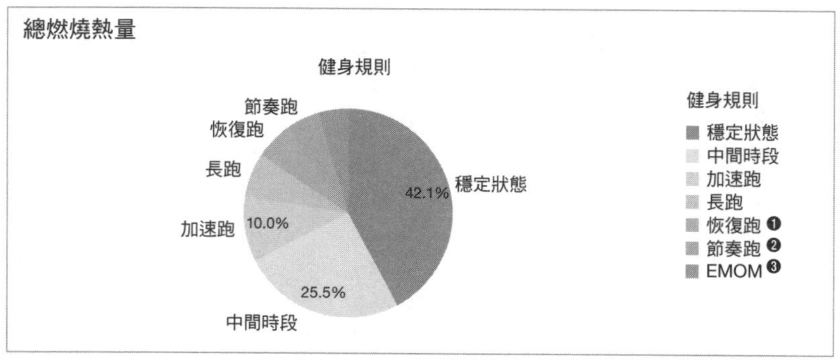

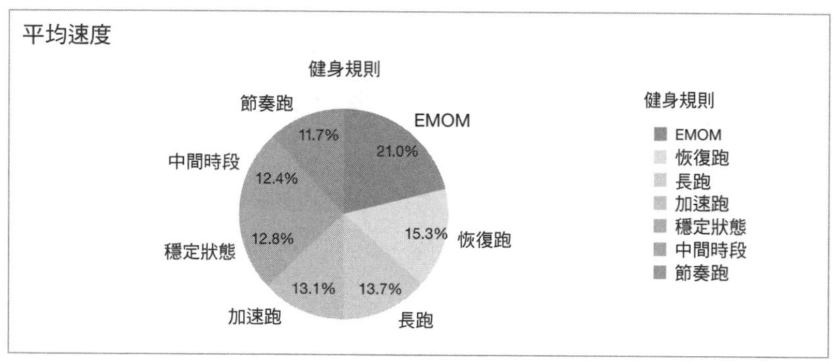

圖 8.1　萊德維爾超馬訓練計畫

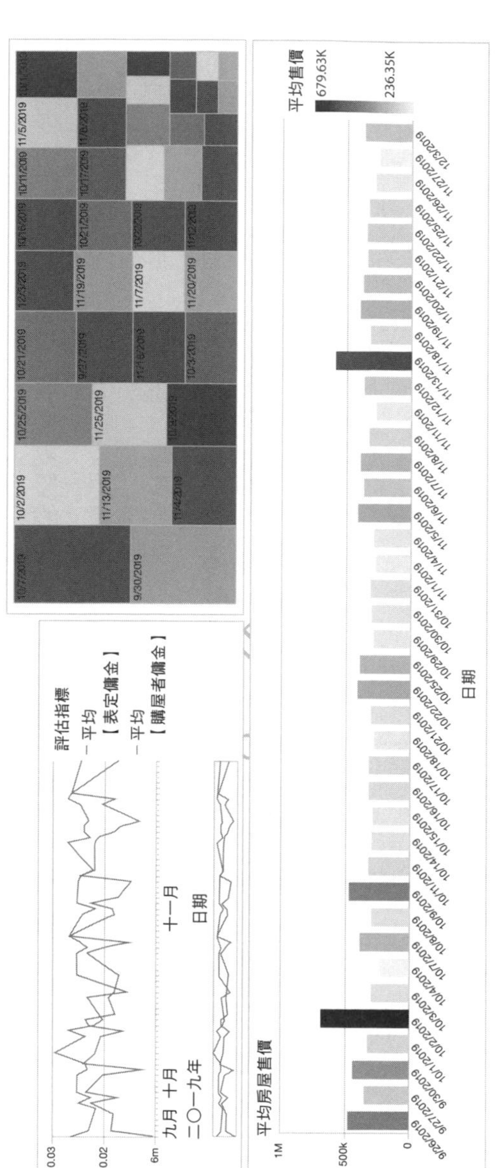

圖 8.2 房地產研究範例

❶ 譯註：類似一般長跑，只是速度較慢，且時間通常較短。

❷ 譯註：又稱乳酸閾值跑，旨在使身體克服乳酸堆積並訓練配速能力，讓長途跑者在長跑時較不易感到疲憊而能維持穩定的速度。

❸ 譯註：每一分鐘需要進行特定一種運動，在時間內完成所預設的次數，假設不到六十秒就完成，剩下的時間可以稍作休息，再接續下個動作。

份數據視覺化：房地產的價格和房仲傭金長期以來如何變化？

身為房仲，你正試圖決定房價的趨勢、傭金等等。在此，我們可以提出「在顏色明顯較深的那幾天，是什麼在推升平均房價」之類的問題，還可以看看每天的平均傭金和傭金比率，是持平還是變化中。有了這些全部的資訊，我們就能在好奇心的驅使下分析數據。好奇心會激起我們想要分析資訊的渴望，同時讓我們準備提出更多的問題、取得更多的答案，並且找出正確的決策。

沒錯，最後一項特點就是用數據溝通。溝通是拼圖中最重要的那一塊。由於我們期望用數據有效溝通，能夠善用好奇心做到這點就變得非常重要。你也許會問自己：好奇心會有什麼幫助？嗯呃，在這個案例中，好奇心可以幫助我們提出問題，像是：我若用類似這樣的方式溝通，聽眾將會有效地接收到這項訊息嗎？我要向哪些聽眾進行簡報？我應該花多少時間傳達這點？我應該使用哪種統計數據？問題可以一直延伸下去。

總的來說，數據素養的第一個C：好奇心，對數據素養定義中的四大特點非常重要，而如今我們應該也能看出，好奇心對分析法的四大層次為何同樣重要。

好了，我們要轉而連結到分析法的四大層次應該不會太難。你若還記得，分

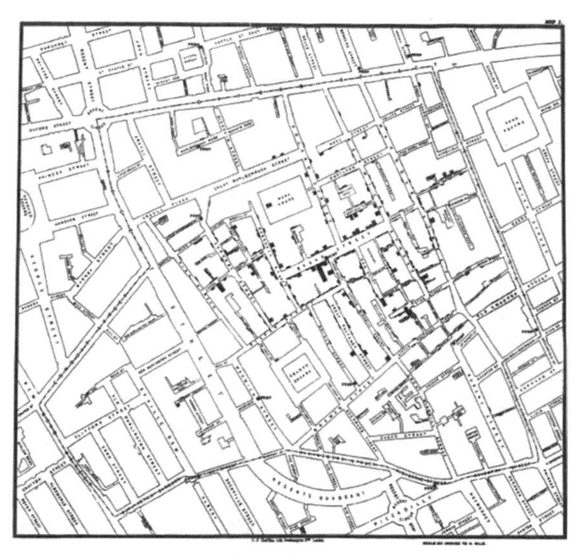

圖 8.3　約翰·斯諾一八五四年的霍亂視覺化

析法的四大層次分別為描述性分析法、診斷性分析法、預測性分析法及指示性分析法。個人的好奇心應該有助於塑造、改變並闡述分析法的四大層次。為了幫助我們瞭解這點，重回我們在前面章節所檢視過，同時眾所皆知的那張霍亂視覺化吧（圖8.3）。

對於分析法四大層次和這張霍亂視覺化而言，好奇心可謂是一項極佳的使用工具。切記，這張視覺化協助開啟了通往資料新聞學的大門，同時也幫助平息、抑止了霍亂爆發。其中，好奇心是怎麼幫上忙的呢？

第一，描述性分析法。以下有個假設性的場景：想像一下約翰・斯諾利用自身的好奇心將疫情視覺化。在此，將數據視覺化是一種出於好奇的概念。我可以想像約翰・斯諾對自己說：「疫情都是在哪裡發生的？我們有沒有數據可以顯示疫情都是在哪裡爆發的？」透過這些問題，他便能建構出這張數據視覺化的美麗圖像。約翰・斯諾還有可能提出哪些描述性分析法的其它問題呢？他可能會問：「相較於一般人口，有沒有哪些特定的人口在疫情爆發之後受到較大的影響？」或者「城裡有沒有其它地區也在經歷同樣的疫情？」這些都是很棒的問題，有助於約翰・斯諾在分析法的第一個層次更進一步，以協助消弭災疫，並為爆發霍亂提出解方。

在分析法的四大層次中——尤其是描述性分析法——我們所要留意的關鍵在於數據視覺化的力量源自於好奇，同時這種力量還會激發更多的好奇，以助消滅疫情。本書並不著重在數據視覺化本身——你可以找到很多這方面的書加以研讀——而是著重在數據素養。不過，在這個案例和許多其它的案例中，數據視覺化都可算是一個絕佳的起點，得以通往強大、有效且經數據驅動的決策。我們萬萬不可低估這項強大的工具，還有這塊構成數據與分析法的重要拼圖。

分析法的第二個層次是診斷性分析法。在此，我能夠想像約翰・斯諾提出了某些出於好奇，同時非常有效的問題。以下就是約翰・斯諾所可能提出的若干問題之一：「啤酒廠所爆發的疫情為何沒那多？」這真是個大哉問，因為霍亂的傳染源正是水。透過診斷性分析法，我們能夠判定啤酒廠的工人並沒喝水，而是喝啤酒。約翰・斯諾就是因為出於好奇而提出診斷性分析上的問題，才能推斷出這其中的差異。另一個我可以看到約翰・斯諾所提出的問題就是：「我們為何會在特定的區域中看到群聚感染？」為了真正開始專注在數據視覺化上，出於好奇而提出這樣的診斷性問題可說是相當有效。

在此，我們看到數據視覺化為何不僅是數據與分析法的解答、彩虹末端的無價之寶，同時更是一個始點。視覺化並沒有給予我們約翰・斯諾可能提出的問題背後所隱含的「原因」，但卻提供我們一個重要的始點，同時還觸及到另一個重點，也就是描述性分析法背後的「原因」。在約翰・斯諾的案例中，我們能夠多次問起為什麼要分析數據，然後，到了分析數據時，我們深入鑽研數據、資訊等等，就為了找出更完善的答案。對約翰・斯諾而言，他所提出的最後一個「為什麼」可能是：「為什麼在排水口（水泵）附近會看到群聚感染？」有可能就是類似這樣的問題，帶領我們發崛出人們所找到的髒尿布，才是真正汙染公用排水口水質的罪魁禍首。而這又帶領我們邁入分析法的第三個層次——預測性分析法。

預測性分析法是一種拆解描述性分析法和診斷性分析法的好方法。在此，我們可以又把自己拉回到霍亂爆發和約翰．斯諾的時代，同時要求自己做些預測。透過約翰．斯諾所替我們建構好的描述性分析法，我們就能開始觀察，帶領大家提出有關數據的「為什麼」。既然我們提出了「為什麼」、正在檢視可能的方法和解答，也就能建構起自己的模型，以助該區緩解疫情：假使我從水源或是滲入水質的地方移除尿布，那麼會如何呢？沒錯，在這情況下，這麼做幫助很大。我們在運用好奇心的同時，也能做出其它預測，好讓該區可以在霍亂爆發期間實施相關措施，以揪出污染的源頭。

比如說，我們所能做出的另一種預測，就是：問題不在於尿布本身，而在於排水口，所以換掉排水口，看看這麼做會對社區帶來什麼效果。嗯哼，在這例子中，這麼做效果是不大，但這就是疊代分析法的一部分：我們試圖執行某事，取得結果，然後持續進行。我敢打賭，我們如果說「哎呀，就別去管那些被尿布汙染的髒水，只要把水泵換掉就可以了」，想必就不會有人雇用我們了——至少對我來說，我是不會聘請這種公司替我服務的。

另一個我們經由好奇心所能做出的預測是，那些任職於啤酒廠且飲酒的人並沒有同樣染上霍亂，所以我們若要大家別喝水，改喝當地受歡迎的飲料，或許就會看到疫情趨緩，逐漸平息。其實，人們可能已經看到這種情況，也比較喜歡這樣的解決方式，只不過，這麼做並沒找出問題的根本原因，而只找到所謂的「虛假相關」(spurious correlation)，也就是兩件事看似相關，其實不然。換言之，「相關」(correlation）並不等同「因果」(causation)，這正是數據分析中的標準謬誤，而且應該納入每一個人的數據素養手冊。無論如何——尤其在目前情況下——「我們若喝啤酒代替水，啤酒會對疫情有所幫助」的建議或預測雖然正確，但卻不會真正解決問題，實際上，還可能會引發更多問題：要是啤酒的需求大增，導致啤酒廠要用上水泵的水，那麼會如何呢？我們可能就前功盡棄、重回原點了。

分析法的最後一個層次是指示性分析法。同樣的，指示性分析法基本上是讓數據和科技告訴你如何處理事務。在這種情況下，我們應準備好拿出好奇心，提出「科技正在告訴我們什麼」以及「預測與指示性分析法正向我們顯示什麼」的問題，甚至是想去質疑模型所做出的假設。

關於好奇心，最後一個我們想要探索的部分先前已經提過，而且需要我們傾注全部的關注力，那就是「相關」相對於「因果」。當我們感到好奇、接二連三提出問題，我們有必要讓自己不致落入好奇心的陷阱、認為「相關」即為「因果」。接著，我們將會探討職場和生活上有關分析法及數據之間的有趣關係。有時，當我們出於好奇、看起數據和資訊，可能會認為某件事看似在引發另一件事。各地這樣的範例可不少，請讓我提供各位一則有關數據和企業界的範例。「虛假相關」——察覺到兩件事情之間存在關係，並認為其中一件事引發了另一件事——是一個我們需要學習的關鍵詞彙。

請想像一下你是一家汽水大廠的行銷主管，可能是百事可樂或可口可樂好了。你在今年四月展開了精彩的廣告活動，希望真能像挖到金礦那樣，成功替公司賺進可觀的營收。你開始了這場活動，也展開了好奇之旅：最近一次的行銷活動是否有助於提升營收及銷售？首先，一開始就提出這樣的問題很好，但我們必須謹慎以對。你在好奇之下，建構出數據視覺化，以查看結果；而透過查看結果，你看出了營收的趨勢線從五月到八月一路上揚。由於活動始於四月底，所以你出於好奇要檢視數據並看看活動成功與否這下子有結果了——我發現了，我挖到金子了！但在這有個問題：我們已經預先假設行銷活動即是營收增加的原因。我們是已經做出假設，但請讓我們放下好奇心，因為我們或許——只是或許——置入了個人的偏見，只看到了自己所想看到的。要是這完全不是因為行銷活動，而是因為那幾個月正好是歐美兩大市場的夏季月份呢？或許這只是因為剛好碰上夏季那幾個月，人人喊熱，喝起自己最愛的汽水涼快一下罷了。我們必須確保自己不會停止好奇，但也要促使好奇心貫穿分析法的不同層次，這樣才能確保我們不致太快停下腳步、倚賴有缺陷且不正確的資訊，然後誤導我們做出糟糕的預測。

數據素養的第二個C：創意

數據素養的第二個C是我在數據與分析世界中最喜愛的部分，那就是創意。我覺得全世界最強大的電腦就是人類的心智。不，我指的不是計算的速度或力量，而是人類的心智能夠為我們所承擔且希望完成的事帶來創意和力量。人類的心智中最美好的部分就在於沒有兩種心智是完全相同的。我思考的方式和你思考的方式不同，而你思考的方式又和本書的其他讀者不同。正是這種力量，才能讓我們真正為數據與分析法帶來人力要素中的創意。人力要素正是數據素養的根本。我最喜愛的名言之一據聞是偉大科學家亞伯特・愛因斯坦（Albert Einstein）所言——即便未經證實——他說：「每個人都是天才。但如果你用爬樹的能力評斷一條魚，它終其一生都將覺得自己是個笨蛋」[2]。

無論這句名言是否來自愛因斯坦——希望是——這都和我們此時的對話無關，重點在於其中的假設：人人不盡相同，而且都有與生俱來的天賦。我們如果試著用一模一樣的方式訓練每一個人，就會在這趟冒險的旅程中失敗。在數據素養的世界中，我們必須瞭解對單一個體而言，數據素養並不是一站式商店，我們不能用同樣的方法去教導每一個人。我們要是這麼做，就是藉著告訴每一個人別去管樹、通通當起一條魚而抹煞掉他們的天賦。在數據與分析法中，我們必須釋放單一個體中創意的天賦，同時納入整間公司在實施數據素養計畫的企業方法論（corporate methodology）。我們若正確地釋放這種創意，未來不但會釋放單一個體在好奇之下所帶來的力量，還會釋放他們造就有效、成功之道的創意技能。因此，我們所該做的第一件事，就是先瞭解創意如何在數據素養定義的每項特點上發揮作用。

進一步說，創意的定義為何？為了結合數據素養的四大特點，我們得要先瞭解它強大的定義。線上字典Dictionary.com對創意所做的定義如下：「超越傳統的想法、規則、模式、關係等，並創造出有意義的新想法、新形式、新方法、新詮釋等等的能力；原創性，進步性或想像力」[3]。我認為，我們沒有必要再為這個定義補充什麼，因為它已經觸及到數據素養中創意所必須涵蓋的各個面向和各個部分，而且我非常喜歡這個定義所提到的多重層面。首先是超越傳統想法的能力。當我們想到數據與分析法，很多人都認為這很無聊，但如今我們可以在過程中添加個人的創意，藉此看出我們有了新突破，同時也會把傳統的標準分類，再透過新的想法及思維使其產生預期的效果。第二，請看看創造出「有意義的新想法」這點，還有它是如何影響數據及分析。藉著採取全新、不同的觀點，我們一定會找到分析數據的新方法。

一如既往，接下來先按照數據素養定義中的四大特點一一探討數據素養的第二個C，之後再結合創意的定義來討論。第一項特點是讀取數據，而創意在此絕對是重中之重。首先就來檢視圖8.4這幅著名的圖像吧。

你在這張圖中看到什麼？是一名微笑的老嫗，還是一名少婦的側臉？由於看上去可以是老嫗，也可以是少婦——又或者你像我一樣，能在兩種圖像之間自由切換——這正是這幅圖像的卓越之處，也正是在觀看數據時創意所帶來的力量。

雖然數字1,204,513就是數字1,204,513沒錯，但我們要是觀看經由圖像或視覺化所呈現、代表的數據，那麼會怎樣呢？這正是我們每一個人的力量：我們擁有「運用個人的創意而不同地看待過程」的力量。俗話說「一圖勝千言」（an image speaks a thousand words），在此，一張數據視覺化的圖像可以用許多不同的方式與我們對話。無論我們是看到老嫗，還是看到霍亂在不同的地點發生群聚，我們都能把數據變得有創意。別因為缺乏創意或分析遇到瓶頸就放慢腳步。請善用你的創意，透過自己的方式讀取數據。誰知道呢，也許你的方式就是關鍵，得以揭露數據中難得一見的真理。

數據素養定義中的第二項特點——用數據工作——也是同理。我們都能在Excel中建立表格，但那會多有創意呢？要是我們在用數據工作時，利用Tableau或Qlik建構出一張超棒的視覺化，那麼會怎樣呢？另外，要是我們取來一張美觀的數據視覺化、運用自己的創意，然後說「我想，我們假若建構起這種數據視覺化，這張表裡的數據所呈現給我們的會不會有所不同？」，那麼又會如何？因為

資料來源：美國《帕克》（*Puck*）雜誌第七十八冊，二〇一八號，第十一頁（一九一五年十一月六日出版）

圖 8.4　內人及岳母（*My wife and my mother-in law*）

我們全都是獨一無二的，所以我們的心智能夠永無止盡地發揮創意。當我們在用數據工作，我們不該安於沿用以往的舊表。提供一則我在職場上的個人範例，這有助為各位在「用數據工作」上帶來一些啟發。

我的前一份工作是為某種投資組合的貸款預備金執行分析，而我在剛上任時，從前人手上拿到一大疊投影片的報告。這份報告約有七十五至八十頁之多，然後每頁投影片主要由一張圖表所構成。你沒看錯：報告長達七十五至八十頁，而且每頁投影片一張圖表。它最出色的部分呢？每張圖表都是經由 Excel 產出，所以我每周都要更新檔案，確保圖表順利生成，連結也置放在適當的位置。我若不小心破壞了數據中的連結，投影片內容就不會更新，然後我就得重新連結每張圖表及其所在的投影片。這個過程可不有趣——尤其是當這份報告已經送達行政階層與領導階層——所以，從事物本身來看，確保報告簡潔、準確是非常重要的。

由於我持有這份報告，也負責更新報告，所以我想到了一種嶄新、有創意的方法來製作報告。與其全用 Excel 做出一堆圖表，我建構出六個預測的圖表模型。沒錯，只有六個！此時非但只有六個表，目標讀者還能用手機觀看這些表。我揮別了地獄般的投影片噩夢，從而迎接起不可多得的超高效率——這些都是始於我的創意。

數據素養定義中的第三項特點是分析數據。你認為創意和分析數據會有什麼關係？多得很！當我們分析數據，關鍵之一就是能夠提出好的問題。倘若未來我們全都提出相同的問題，你能夠想像我們的數據分析會有多糟糕嗎？隨著我們擴充數據素養的技能組並培養數據與分析法中的高階技能，我們帶入個人觀點和創意的能力就會變得越來越強大。而且若要在分析數據時帶入個人的創意，其中很重要一部分是來自STEM的教育。

STEM教育著重在科學、科技、工程與數學。我一向大力提倡在STEM教育中加上一個字母，並樂於看到它在二〇一九年底至二〇二〇年初演變成**STEAM**教育，如今成了科學、科技、工程、藝術與數學。數據與分析法中出現藝術並不是什麼新鮮事，但慶幸的是這方面的愛好者已經越來越多，也越來越廣。藝術不但讓我們能夠讀取數據、用數據工作、分析數據，還能利用第四項特點：用數據溝通。

用數據溝通是數據與分析法中必要且重大的面向。我們在檢視數據與分析法時，都知道它有時令人感到無趣、害怕，甚至心生畏懼。並非人人都是像我這樣的書呆子並熱愛著這個世界，所以有效傳達數據和分析的能力就變得非常、非常重要。於是，我要來談談數據素養的第二個C，也就是創意了。藝術中的創意帶有結合故事、建立脈絡並為聽眾培力的力量。隨著我們建立起數據素養的技能並真正培養出用數據訴說一則好故事的能力，創意也就變得不可或缺。有了創意，其他人才能瞭解數據的關鍵面向，並參與其中的解決方式。想像一下，人們若能提供更清楚的脈絡、更深入的判斷與更完善的目標，你在數據與分析法的整體事業會變得多麼強大？這是可以透過創意的力量辦到的。

我們既然已經構建好並瞭解到數據和分析的力量，就必須結合創意與分析法的四大層次。由於創意能讓組織和執行者雙雙找出創意本身如何能和數據與分析法緊密相扣、交互作用，因而能夠直接結合分析法的每個層次。

沒錯，分析法的第一個層次是描述性分析法。在描述性分析法中，建構數據視覺化可以是非常容易的，像是關鍵績效指標和數據的報告，這些都可以是非常直截了當、簡單易懂，但這其實可能是組織卡在分析法第一個層次的原因，因為少了創意，建構起描述性分析既快速又簡單。由於許多人非常擅長讀取單純描述上個月或前一季的相關數據，這或許就不會激起他們有興趣去深入探索描述性分析法背後的「原因」。倘若如此，創意便有助於推動描述性分析法更進一步。在描述性分析法之下——像是建構來催生更多Insight、幫助人們找出「原因」的數據視覺化——創意成了一種帶來可能性的力量。

分析法的第一個層次一旦有了這種增能的創意，就能讓組織順利邁入分析法的第二個層次：診斷性分析法。在描述性分析法中有了更多的創意，診斷性分析法才能真正地啟動。由於你為了針對眼前的數據和資訊提出更好的問題而琢磨起自己的技能，之後你就能拿起不同的地圖和路線，瞭解到發生在組織中、生活中或目前數據分析的其它面向中每件事背後的「原因」。請你利用創意的技能，找出新的Insight、新的解答以及將為世界催生Insight的新事物。Insight其實是種來自診斷性分析法的魔法藥水。有了創意，你才能替那種魔法藥水增添額外的力量。

在分析法最後的兩大層次中，創意可以發揮極大的作用：一、如何建構預測性分析法；二、如何詮釋預測性分析法。在這兩大層次中，由於模型和分析都已經構建完成，分析師及數據科學家可以利用很有創意的方式去檢視人們是如何構建、利用模型，同時幫助我們確保不致重覆運用相同的模型。倘若我們做的都是一再重覆的事，我們或許就會如預期一再得出相同的結果。然而，當我們利用創意的模型——一種我們從沒試過的模型——我們可能就會找出新的預測及結果，而這也會同時影響我們如何詮釋模型與分析。我們如若使用一模一樣的技術去瞭解模型、分析模型，那就不是善盡自己所能地去運用創意了。我們必須善用個人在創意中的能力和技能，以用全新的方式讀取結果、從全新的角度看待此事，然後獲得更美好完善的 Insight。

為了替創意做出總結，就回過頭去看看當初 Dictionary.com 所下的定義吧：「超越傳統的想法、規則、模式、關係等，並創造出有意義的新想法、新形式、新方法、新詮釋等等的能力；原創性，進步性或想像力」[4]。重讀這項定義，數據素養、數據與分析法的世界中為何需要創意應該就變得顯而易見了：我們需要在數據與分析法的世界中引進全新的觀點、全新的思考過程，還有全新的理解。

不管是用Excel建構同樣類型的數據視覺化，還是一再使用自己喜愛的統計模型，我們有太長一段時間都在用數據與分析法做起陳年舊事。現在，請停下來！開始深入探索這個世界，好把你數據與分析的工作變得創意十足吧。你不會後悔為自己的工作增添多點創意的。

數據素養的第三個C：批判性思考

數據素養的第三個C：批判性思考，可能是數據與分析法的世界中最強而有力的項目之一了。在數據與分析法的世界和我們的日常生活中，人們已經啟動數據與數位革命，以在批判性思考下推動更強大的技能及背景，然後應該沒有比這來得更重要的時刻了。從瞭解選情、政治人物呈現給選民的資訊（無論這正不正確，抑或這只是一堆，呃，不怎麼讓人開心的事），到瞭解全球的疫情及其呈現出來的數據，乃至我們個人人生中的重大決定，批判性思考都是絕對必要的。Dictionary.com對批判性思考的定義是「明確、理性、開放且受到證據啟發的嚴謹思考」[5]。這讀起來似乎很直白，但我們在數據及分析的世界中看到的還不夠。

以下我引用了美國天體物理學家卡爾・薩根（Carl Sagan）之著作《魔鬼盤據的世界：薩根談UFO・占星與靈異》（*The Demon-Haunted World: Science as a Candle in the Dark*）❷中一段很棒的話：

> 我對美國的未來懷有不祥的預感——美國經濟將以服務業與資訊業為主；幾乎所有主要製造業均悄悄地轉移到其他國家；尖端科技力量掌握在少數人手中，而代表民眾利益的民意代表竟然沒有一位了解這些議題；人民無法決定自己的未來或正確地質問當權者；人類逐漸喪失重要的技能，只會緊抓著水晶球不放，神經兮兮地求助於占星術，一味追求安心的感覺，無法分辨事實的真相，不知不覺中又回到以前迷信與黑暗的日子裡。
>
> 在影響甚巨的媒體中，實際的內容已經逐漸腐化，而美式簡化最是明顯；像是從演講或訪問中節錄出短短三十秒的名言佳句（現在已經縮減為十秒，甚至更短）、最小公分母的程式設計、引人上當的迷信和偽科學表演等等，皆可說是格外彰顯出人類的無知。[6]

這段話發表於一九九五年。我會說，我們就是處在卡爾・薩根所預見的這個時代。我深信，今時今日，在這個科技及社群媒體等等都快速更新的時代下，阻礙我們的關鍵，就在於缺乏批判性思考。缺乏批判性思考絕對會粉碎個人透過數據素養取得成功的能力，而數據素養的四大特點將會說明這點。

讀取數據

一如我們所知，第一項特點是讀取數據。當我們正在讀取數據、批判性地思考自己正在讀些什麼——無論是最新的運動報導、即時新聞、公司最近的備忘錄或儀表板等等——都會擁有強大能力。一如先前的定義，批判性思考就是能夠嚴謹地思考事物、保持開放的心態，並且受到證據所啟發。當有新數據和新資訊呈現在我們眼前，我們有嚴謹地看待它嗎？當我們看到COVID-19疫情期間的新聞，我們是驟下定論，還是理性、開放地思考？這類的思考在政治中非常重要。

❷ 譯註：出自第二章〈科學與希望〉第二十六頁。天下文化出版，一九九九年七月三十日，第一版第一次印行，陳瑞清譯。

政治人物與政治廣告公司常常試著左右我們，而我們有開放地去思考這點嗎？我們對於自己正在讀些什麼是不是也很單純直接，而從不善加思考呢？在讀取數據時進行批判性思考真的能為強大、有效的分析作好準備。我們若不批判性思考自己所讀的東西，這無疑是把自己分析的家建構在岌岌可危的基礎上。

用數據工作

我們在讀取數據時，抱持批判性思考的角度用數據工作對良好的分析來說也是非常重要。隨著我們構建數據視覺化、執行統計模型、檢視儀表板或關鍵績效指標，我們能夠抱持著批判性的角度檢視數據和資訊，進而產出完整、健全的數據分析。由於我們方才探討過讀取數據和批判性思考的關係，所以我們必須確保我們用數據工作也是一樣，如此一來，才能保證我們即將透過數據所得出的決策是經由想要的方式而產出。一如我們先前討論過藉由「在讀取數據時進行批判性思考」正確地建構起分析的基礎，如今，我們就能以這為基礎，透過「用數據工作時進行批判性思考」為我們的家築起高牆。

分析數據

數據素養的第三項特點「分析數據」和第三個C「批判性思考」相互作用的方式與「讀取數據」和「批判性思考」相互作用的方式非常類似。我們在分析數據時，相對於在數據中「應該看到的答案」，我們僅僅能夠尋找「想要看到的答案」。批判性思考能讓我們藉由在數據中找出客觀的事實或資訊，而順利地分析數據。這其實呼應了批判性思考的最後一個定義，也就是「受到證據啟發」的思考。我們在分析眼前的數據和資訊時，必須確保自己正在運用批判性思考。別只是看著自己喜歡的數據和資訊、僅僅尋找自己想要的答案，而是真正地敞開心胸、消弭成見，並全面地調整心態。分析數據不但對Insight和資訊來說十分強大，更可能私下改變我們的心態與人生。用蓋房子來比喻的話，如今我們已經用分析數據蓋好了高牆。

用數據溝通

數據素養的最後一項特點在批判性思考中有著獨特的地位。由於我們已經用數據與分析法建立溝通方式，為了確保能夠深入地進行批判性思考，我們就還得去思考以下兩點：如何最有效地分享訊息，還有辨識誰是你的觀眾及聽眾。藉由針對這兩點進行批判性思考，我們才能真正確保自己已經有效地完成溝通。在這個蓋房子的類比中，如今我們可以用「批判性思考」和「用數據溝通」鋪起屋頂了。

分析法的四大層次和數據素養定義的四大特點類似。在批判性思考下，我們可以透過兩種不同的角度來看待層次一的描述性分析法：一是透過建構數據報告或數據視覺化的角度，二是透過詮釋內容的角度。當我們建構起數據視覺化或數據報告／儀表板，我們能夠針對自己已經建構，或者正在建構什麼而進行批判性思考，隨著建構完成，也就能提出與描述性分析法相關的問題，像是「這樣構建妥當嗎？」、「我有沒有掌握足夠的資訊，好讓它變得有用、有價值呢？」、「我可不可能用另一種方式呈現，並提供觀眾更多的價值呢？」接著，我們在詮釋起描述性分析法中的資訊時，也才能夠提出類似的問題，以確保這樣的詮釋深入、有效，並具有影響力。

分析法層次二的「診斷性分析法」和數據素養特點中的「分析數據」非常類似。由於我們希望透過描述性分析法找出眼前數據和資訊背後的「原因」，因此就必須遵從Dictionary.com對批判性思考的定義：「明確、理性、開放且受到證據啟發的嚴謹思考」[7]。隨著我們抽絲剝繭、尋找「原因」，我們必須確保自己明確、理性、開放（或許在這情況下更是需要）而且受到證據所啟發。藉著保持開放，但願我們就不致受到個人的偏見、他人的偏見、錯誤的概念等等所左右，而能真正地找出數據和分析背後的「原因」。

從批判性思考的角度來看，分析法的層次三及層次四也是非常強大的，而且一如建構、詮釋起數據視覺化那樣，當我們正在處理分析法的層次三及層次四，我們也正從建構／模型化的層面及詮釋的層面去檢視批判性思考。作為一名可能正在建構分析和模型的人，此人必須針對那種分析和模型深入地進行批判性思考，並確保他在這麼做的同時是對外開放、受證據所啟發的。我們在詮釋這些分析法的層次時，必須敞開心胸、保持開放，而當我們持續受到內外部的證據所啟發，才能確保自己正逐一針對各大層次進行批判性思考。

本章摘要

數據素養的三個C——好奇心、創意和批判性思考——是有效推動數據素養工作的根本。當身為個人的我們努力在職場及生活上推動這些，就能致力於邁向更明智、更健全的決策，整體的數據與分析工作也能順利成功。切記，我們在逐一探討數據素養定義的四大特點和分析法的四大層次時，這三個C都在其中扮演著重大且關鍵的角色。

註釋

1 Vocabulary.com (undated) Definition of Curiosity. Available from: https://www.vocabulary.com/dictionary/curiosity (archived at https://perma.cc/3ZVH-VFF8)

2 Quote Investigator (undated) Available from: https://quoteinvestigator.com/2013/04/06/fish-climb/ (archived at https://perma.cc/W7ZQ-P7JM)

3 Dictionary.com (undated) Definition of Creativity. Available from: https://www.dictionary.com/browse/creativity (archived at https://perma.cc/H3D4-JCVX)

4 Dictionary.com (undated) Definition of Creativity. Available from: https://www.dictionary.com/browse/creativity (archived at https://perma.cc/H3D4-JCVX)

5 Dictionary.com (undated) Definition of Critical Thinking. Available from: https://www.dictionary.com/browse/critical-thinking?s=t (archived at https://perma.cc/V45R-6BLZ)

6 Goodreads.com (undated) Carl Sagan Quote. Available from: https://www.goodreads.com/quotes/632474-i-have-a-foreboding-of-an-america-in-my-children-s (archived at https://perma.cc/4DKQ-PFS7)

7 Dictionary.com (undated) Definition of Critical Thinking. Available from: https://www.dictionary.com/browse/critical-thinking?s=t (archived at https://perma.cc/V45R-6BLZ)

第九章

數據啟發的決策

我們已在本書中用了八個章節去討論數據素養的原因、內容，以及如何實施。現在，重要的問題來了：目標呢？我為何要花這些時間去解釋數據素養？這樣我們是不是就會知道該如何建構美觀的圖表和數據視覺化？我要很果斷地回答你：**不是**！我們若不清楚自己正要邁向什麼目標，數據素養就等同不曾存在過，所以，我要告訴大家，那個目標就是「決策」。數據素養應該要激發Insight，繼而導向決策。倘若我們利用數據素養所做的每一件事都只是不斷地產出Insight，那麼這一點用也沒有、我們等於什麼都沒做。這就像是找到一張藏寶圖，卻不用以找出埋葬的寶藏，或是有人在樂透開獎前報給了你一組明牌，但你卻沒去購買彩券一樣。數據素養的最終目標應是帶領個人或組織做出明智、數據啟發的決策，至於要如何做到這點，就是本章的重點了。

在數據與分析法的世界及架構中，決策的藝術很容易受到忽略。當公司組織或個人投資了那些組成數據與分析法的數據品質、數據源和相關工具時，決策應該要列入他們培力清單中的前幾大選項，同時，單一個人和公司也應該運用強而有力的架構，才能在數據素養這方面獲得成功。為了幫助每一個人建立扎實的基礎和立足點，我們將轉而尋求由我的友人與同事——Qlik的凱文・哈納根（Kevin

Hanegan）——所提出的強大架構[1]。在這出色的架構下，我們將會逐一探討為了有效做出明智、數據啟發的決策而必備的六大步驟。

基於本書的主旨，請注意我們所正使用的說法是「數據啟發」（data informed），而非「數據驅動」（data driven），我是刻意為之，但我不得不承認，現在這個世界較常使用的是「數據驅動」。「數據驅動」的說法其實是在二〇一〇年底至二〇二〇年初才開始變得普遍，尤其隨著全球遭受COVID-19的侵襲、爆發疫情，這說法更是水漲船高、變得流行起來。對許多人而言，「數據驅動」是有很多含義，但它終究意味著數據作為個人或公司的資產而獲得有效的使用。請把這當成有一名馬拉松跑者正在運用計畫推動策略，好能讓他順利完賽。這就是「數據驅動」或「數據啟發」的含義；它意味著數據正在協助催生決策、提升業務。我之所以用起「數據啟發」而非「數據驅動」，在於人們說起「數據驅動」時，可能會誤以為數據真的在驅動一切，而「數據啟發」意味著數據除了用以協助決策，還會結合人力要素之類的其它事物。由於「數據驅動」十分強大，所以兩者的區別非常重要。

為了瞭解數據啟發的決策及其如何結合數據素養，我們將會深入探討數據素養的種種，並從定義上述架構及其催生決策的力量展開。我們還會從所有可能的面向去檢視數據啟發的決策架構，如數據素養定義的四大特點、分析法的四大層次、訴說數據的語言、數據素養的三個C以及更多可能的面向。在此，為了順利開始，我們得先明白受到數據啟發的決策架構之相關步驟。

受到數據啟發的決策架構之相關步驟

本書所採用的數據啟發決策架構有六大步驟。請注意，決策的世界本就存在不同的架構，但人們若要正確使用、有效運用強大的決策架構，就得透過某種方式、某種樣貌或某種形態結合起這六大步驟。這六大步驟分別是：提問（ask）、取得（acquire）、分析（analyze）、應用（apply）、宣告（announce）及評估（assess）。在此，我將針對凱文的版本稍作修改，改稱這六大步驟為提問、取得、分析、整合（integrate）、決策（decide）及重覆（iterate）。我之所以這樣調整，是為了深入闡述每個目標項目，使得人們更加清楚瞭解。就來看看圖9.1，以瞭解架構中主要的區別吧。

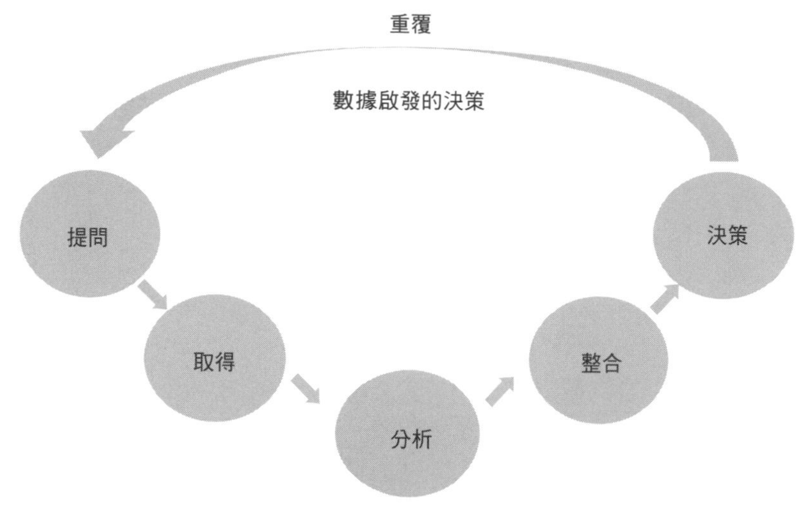

圖 9.1　數據啟發的決策

你有沒有在這架構中注意到什麼？這個架構的設計是循環不息的。這正是數據啟發決策設計的一部分。我們在逐一探討努力取得 Insight 及數據啟發決策的過程中，必須清楚決策並無法保證什麼，而這正是強大的數據啟發決策架構美好之處：我們能夠重覆，並從過往的決策學到經驗。我們絕不想要輕鬆地坐著、滿足於過往的決策所帶來的成果；想要利用架構、數據素養的技能去改善決策，並協助決策變得更完善。統計學是一門探討機率的學問，而且機率有時未必是我們想要的那樣。沒關係，我們就從自己的決策、過程等學習經驗吧。

為了幫助我們更瞭解這個架構，接下來就逐一討論每個步驟並取得更深入的瞭解吧，我們將會深入探討數據素養的不同面向，還有這些面向如何協助實現數據啟發的決策。之後，為了替本章做出總結，我們還會再結合決策的整體概念。

步驟一：提問

數據啟發決策架構的第一個步驟是「提問」，也就是提出必須回答的問題。我們在用數據檢視決策時，會提出很多的問題，而且為了瞭解問題，提問的面向也會相當多元。為了幫助大家，我們會先透過數據素養定義的四大特點及數據素養的三個C來檢視問題的結構，之後才會進展到分析法的四大層次。

提問不只是問問題，還有更多。當我們在數據啟發的架構中提問，就必須抱持著「以數據為中心」的心態，理性地檢視問題中一些不同的面向。比如說，不能只是提出模稜兩可的問題，像是「最好的產品是什麼」或「執行過的哪次行銷活動最有效」，這些問題都無法在數據與分析法中促成明智、健全的決策。為了提出有效的問題，問題便不可含糊不明，而是要更加明確。

是什麼阻礙了這些問題在架構中發揮作用呢？來重新思考前一段的那些問題，首先：我們最好的產品是指什麼？所有的產品是不是製程相同、設計也相同，所以變成是一模一樣的東西在相互比較呢？倘若不是，結果數據（resulting data）將會呈現出什麼？當我們提出行銷方面的問題，「有效」這詞如何定義？是否會因為利益相關者角度不同，定義也有所不同？而你有沒有看出定義的走向？總的來說，當我們在數據啟發的決策架構中提問，就必須確保自己正在提出一個明確、能用數據回答的問題。

對數據素養的第一項特點「讀取數據」及數據素養的第一個C「好奇心」而言，提問最是重要。

人們在讀取數據時，無論數據的形式是新聞、儀表板上的資訊、季報或是強大的數據視覺化，他們都應該存疑。以下是幾則平面新聞標題的範本[2]，你在看過之後會不會提出問題呢？

- 「密西西比的素養計畫有見改善？」（我覺得，我們都該對這提問。）
- 「縣政府將支付二十五萬美元宣傳資金短缺。」（有人思考過這問題嗎？）

●「伏地挺身做個不停，乘客遭美國航空（American Airlines）要求下機。」[3]（他到底是在哪做伏地挺身？）

看完每一則標題，我們都應該提問——畢竟，這幾則標題都蠻有趣的。同理，我們在行遍職場，還有組織在努力處理這麼多數據和工作時，大家都應先考慮到提問。這些標題就攤在我們眼前，問題似乎也很明顯，但若換成數據，就不見得總是如此了。讀取數據能讓我們深入探索資訊，並從許多不同的管道及來源看出眼前狀況，而數據素養的第一個C此時正應發揮作用。

數據素養的第一個C——好奇心——是我最喜愛的字詞之一。正如我們先前所讀到的，好奇心的力量非常強大。凡是論及做出數據啟發的決策，好奇心即貫穿了第一個提問的步驟。

在此我們還要結合前述章節中大家所熟悉的另一個說法：數據暢流。結合了好奇心與數據暢流，我們就能提問，判定現況如何、為何如此，並藉此推動我們逐一邁向數據啟發決策架構的各個步驟。

分析法的四大層次

我們能在分析法的四大層次中執行第一個「提問」的步驟，這應該是顯而易見的，但若還不夠明顯，我們就在此強調一下吧。個人或組織的數據啟發決策多半都能從層次一的描述性分析法開始。描述性分析法就是透過少量的用詞，將數據訴諸書面的圖像或文字。隨著我們將數據訴諸書面的圖像或文字，就能看出數據中發生何事、何時發生，並能開始訴說其中的經過。

一旦我們更進一步、讀取描述性分析法，我們的內心就會不斷地湧現許多強大的思緒及問題，圍繞在此事發生的「原因」。對我而言，這正是診斷性分析法的秘訣。我們是該不斷提問，但請記住，這些問題必須明確，不可含糊。我們倘若放任問題模稜兩可，可能就會掙扎於找出箇中原由，卻百思不得其解。

在層次三的預測性分析法及層次四的指示性分析法之下，於數據啟發的決策架構中提問或許才是具備數據素養的人所該做的事。多數人都不會做到高階、技術性的數據分析或統計。一旦瞭解這點，我們的第一步就是藉由提出預測性或指示性分析法的問題而推動數據啟發的決策。同樣地，一如先前所言，在數據素養和數據啟發決策的不同角度下，用數據溝通（數據素養定義的第四特點）和數據暢流會是重中之重。倘若那些非技術人員無法和技術人員溝通，我們在數據啟發的決策技術中可能一開始就被搞得灰頭土臉、一敗塗地了。一旦瞭解這點，為了確保我們能使數據啟發的決策架構運作得當，第一個步驟「提問」可謂非常關鍵。

步驟二：取得

取得數據可說是決策過程中「最不性感」的步驟，但卻是決策架構中非常重要的步驟，因為工作上若少了數據，如何能夠真正地催生數據啟發的決策呢？一開始先清楚取得數據的意義吧。我們並不想要任何手到擒來的數據，因為那可能會讓我們難以找出我們所正尋找的答案。對數據啟發的決策架構而言，我們希望所取得的數據，將會幫助我們明確地回答在步驟一所提出的問題。

比如說，我們正問到你和某個特定球員對打得如何，因為你幾周前才對上他，結果下一場的對手又是他。在上一場比賽中，你徹底潰敗，所以你受到數據啟發而提出的明確問題是：我是在哪些方面被他擊敗，還有被擊敗的原因何在？在這問題中既能看到描述性分析法，亦即我們哪些方面技不如人，也能看到診斷層面，亦即為何如此。

既然我們已經提出問題，那麼，觀看數據並找出答題的正確數據就變得簡單多了——當然，得要同時結合數據素養的能力才行。在此，我們倘若不夠明確，就可能擷取到毫不相關的數據。我們和這名對手上次對打是在三周前。要是我們擷取到的是這名對手五年前的數據，然後當時球隊的球員和經理都不一樣呢？要是他們認錯對手、取錯數據呢（這未必是件壞事，我們可以轉而研究整體球賽該怎麼打，只不過那並不是我們想要回答的問題）？由於我們在步驟一的問題更加明確，所以就能深入探究並找出哪些數據才應該更符合我們的目標。

一旦取得數據，數據素養的定義中就會有兩大特點發揮作用——用數據工作以及用數據溝通，它們同時也是幫助我們取得正確數據的關鍵。

用數據工作

對於用數據工作的人而言，取得數據也許會無意間和工作扯上關係。你若是負責擷取數據源、取得數據，或是建構數據視覺化，可能就會直接用數據工作。這不但是用數據工作的重要特色，也是用數據工作的有效方式。你可能扮演數據設計師，負責擷取數據源、建構數據模型，在此，你正直接用數據工作，而且當你提出問題、取得明確的數據時，你就會繼而讀取數據、用數據工作，同時開展數據啟發的決策架構。

用數據溝通

一旦論及數據素養和取得數據，除了用數據工作，用數據溝通也許是最重要的。你是要求取得明確數據的人嗎？還有，你能否要求數據正確？用數據溝通及數據暢流可說是非常重要。你若有問題想用數據解答，同時明白或認為自己清楚想要哪種數據而且必須解決問題，那麼，你能向幫你取得那種數據的團隊充分傳達這點也就變得無比重要。你會希望取得並用以答題的數據必須具體，你的需求也必須明確等等。我發現，數據的問題和要求模糊不清，不僅會讓你想在正確使用數據時感到挫折，還會嚴重妨礙你成功地透過數據啟發做出決策。

分析法四大層次

在取得數據時，分析法的四大層次也會發揮類似的作用。我們若試圖在工作上建構描述性分析法、診斷性分析法、預測性分析法或指示性分析法，或是想藉這些分析法回答問題，取得正確的數據就變得不可或缺。我們在建構這些分析法時，也常和組織上下不同的聽眾一起分享這些分析法。倘若我們並未取得正確的數據，我們在組織上下或以其它方式分享這些分析法時，反而可能為這些試圖做出正確決策的公司組織招致災難。也就是說，當我們做法正確，才能取得正確的數據，建構出優秀的數據視覺化、有效的診斷案例，以及有助於回答問題的預測性／指示性分析法。

步驟三：分析

我們已在本書中盡可能地描述分析數據的意義，所以在這並不多加著墨，而只透過數據啟發決策架構的角度來探討。在數據啟發的決策架構中，分析數據意味著什麼呢？我們將會利用前面的章節說明這點。

在此架構之下，我們首先要瞭解的就是，隨著我們提出好的問題（提問），就能為即將分析的內容帶來生氣。模稜兩可且含糊不明的問題並無法帶來受到數據啟發的有效決策；只要我們夠明確，就能藉著想要進行的分析向前邁進。

對完整地分析資訊而言，除了明確地提問，能夠正確地取得數據是最重要的。藉由妥善地取得數據，我們即是找到通往成功Insight的路徑。切記，Insight是數據素養的主要目標之一，有了Insight，我們才能催生決策。倘若數據不良，Insight也會跟著「不良」。我們或許會花上無數個小時建構起精彩美觀的數據視覺化、強大的統計模型等等，但最後居然發現我們稍早所使用的是劣質的數據，那就太可惜了！正確地取得數據能讓我們更妥善地分析數據和資訊。

在數據啟發的決策架構中分析數據時，我們可說是直接依賴數據素養的第三項特點和數據素養的第二與第三個C，也就是分析數據（剛好一致，不是嗎？）以及創意和批判性思考。數據素養的第三項特點在此實在過於明顯，它將持續扮演在數據啟發決策架構中的關鍵角色。

在數據啟發決策的第三個步驟中，創意和批判性思考會雙雙賦予個人力量。一談到分析數據，我們或許不會想到創意，但它的確是我們應該固定有效運用的技能。由於人類轉而尋求「機器人」去分析眼前的資訊，所以我十分害怕我們會在數據與分析法中失去太多、錯過太多。我們運用同樣的集合分析（set analysis）、同樣的流程與同樣的工具去產出Insight，但很不幸地，這些都不是我們該做的事。當我們用這種方式透過分析催生Insight，我們其實會錯過許多關鍵事物來幫助我們在職場、組織及生活各處催生出強大的Insight。何不試圖在提問、利用數據時帶入個人的好奇心，而透過不同的方式去瞭解數據和資訊呢？何不利用新的想法和思考過程而更進一步呢？我們應該固定這麼做才對！應該從不同的角度看待事物。我們還能做到另一件有效的事，就是引進某人提供不同的想法及觀點。這也許是去邀請某個你從不覺得他在數據素養這方面的技能非常厲害的人，然後去聽聽他對此事的看法。誰知道呢，也許就會找出你確切需要的。

除了創意，也請利用批判性思考去催生正確的Insight。批判性思考在生活中是如此強大，但我卻覺得這世界嚴重欠缺了這塊。社群媒體上的動態消息會有多久停止不動，沒有更新消息給我們？我們的螢幕上換過新廣告的速度又有多快？很不幸地，太快了。隨著生活中盡充斥著那些快速、短短二十秒的媒體金句，我們少了最強大的批判性思考，而這將會嚴重危害我們的生活。我渴望有那麼一天，個人和公司組織不會一股腦兒地跟風，而我們全都能花時間放鬆地坐著，反思眼前的事物，並真正地批判性思考數據和資訊。我們未來若這麼做，數據啟發的決策工作就會更加成功。

為了替這部分做出結論，我們可以迅速複習一下分析法的四大層次，以及它們在數據啟發的決策架構下對分析帶來的影響。我們很清楚，在每個層次都會檢視數據分析。在描述性分析法中，我們只有藉著分析數據，才能沿著分析法四大層次的道路順利前進。分析數據同時也是診斷性分析法的根本。而在預測性分析法及指示性分析法中，我們必須分析這兩大層次和相關模型在決策過程中所為我們帶來的資訊，才能催生出想要的決策。

總的來說，分析數據是我們的第三個步驟，這對受到數據啟發而做出決策來說非常有效。我們一旦妥善地分析數據，就能順利地邁向第四個步驟——整合。

步驟四：整合

當我使用「整合」這詞，這可能意指什麼？透過《韋氏字典》，我們學到「整合」意味著「形成、協調，抑或融入運作中或統一後的整體」[4]。因此，何謂整合到數據啟發的決策世界呢？這或許是六大步驟中我所最喜愛的步驟，也就是我們正把人力要素整合到數據啟發的決策過程。

在數據的世界中，數據和科技太常成為眾所矚目的焦點。當我們放任數據和科技成為眾所關注的焦點，壞事就可能不幸地接踵而至。各位還記得二〇〇七至二〇〇八年的金融危機嗎？這似乎才發生在不久之前，但距離現在的二〇二〇已逾十年，加上近期COVID-19的疫情似乎更遠遠地把它給甩在腦後，世人早已遺忘。幫大家快速複習一下這個問題，當時的房市蓬勃發展，但私底下可以說是波濤洶湧，就連當時最重要的模型之一都沒預測出會發生大崩盤。那平衡模型的人呢？為何沒有伸出援手，幫助這個世界瞭解到房市已經有點不對勁了？

另一則呈現出數據和科技挾帶偏差而導致不良決策的範例，就是蘋果（Apple）的信用卡給予男性的刷卡額度高於女性的刷卡額度。這在銀行與金融服務業一直都很常見，也就是部門中所使用的演算法對於性別、種族等產生誤差或偏誤。很遺憾地，人力要素並未發揮作用，還潛藏著偏見，造成悲慘的後果。

人力要素

在瞭解這些範例後，我不希望大家認為它們全都是負面、乏善可陳的，實際上遠遠相反。一旦人力要素為了得出具體且完善的決策而正確整合數據和科技，結果可以是令人驚豔、不可思議的。因此，大家可能會問：該怎麼做呢？該如何在數據與分析法中整合人力要素？為了做到這點，我們將從檢視「在數據中必須用不同的方式協調人力要素」開始。請注意，我之所以特別用「協調」(harmonized)，而非「平衡」(balanced)，是因為我們不需要比例總固定在均衡的一比一；我們每次決策時，人力要素和科技不需要各占百分之五十。在某些情況下，我們會單純地使用數據，而在某些情況下，人力要素可能會發揮較大影響，但最終我們都想確保自己協調了這兩大主題／主體。我們可拿在職場上資遣員工一事當作基本範例。演算法，亦即數據和科技，很可能會挑上某個人直接開除，但我們一旦納入人力要素、清楚狀況是怎麼回事且情有可原，可能就會把那人留在團隊裡。

人力要素是如何整合到數據與分析法的第一個方式，就是透過個人的經驗。我在和全世界的組織討論時經常出現這個問題：「你會省略『直覺』嗎？」人們在職場上會建立起很豐富的個人經驗，而這一整套經驗會在個人心中營造出一種「出於我的經驗，我最清楚」或者「我們上次就是這麼做」的感覺。我在職場上就曾碰過一次。從前我任職的組織遭遇經營瓶頸，而我當時所見所聞，都是「我們從前也曾遭遇困難，但會再次度過難關」之類的。這家組織那年的業績很糟，但問題是國內整體經濟明明就十分興旺。於是，這些損害被我稱之為「自作自受」（self-inflicted），而我們需要一種全新的方式來處理這些損害才行。那家公司不能僅僅拉下以往營運困難時所使用的那些操縱桿就以為沒事了，但很遺憾地，我看到那家組織就是這麼做的。

有了這樣的親身經歷後，我們並不想要單純地運用直覺而做出決策，必須結合自己的經驗，以及數據和科技，因為這麼一來，我們才會發現答案可以更加明確、有效，並有助於催生更完善的決策。

內外部的要素

另一個我們必須納入數據的，就是內外部的要素。組織上的數據單純就是組織上的數據。我們若只從隧道或穀倉（silo）中觀看事物——這意味著以狹窄的視野去看待我們的數據——就可能遺漏關鍵的要素，而為分析帶來極大災禍。想想看你正處在隧道中——無論是在搭車還是步行——你能夠清楚外面的狀況嗎？呃，如果隧道很短，是能看到盡頭，但如果隧道很長，就只有隧道內的資訊了，在沒有檢視內外部的數據就做出決策也是一樣意思。所以這些說法的意義何在？所謂的內部數據，就是我們正在檢視發生在組織內部、對決策和分析都很重要的不同事物。對個人而言，這可能是個人生活上的大小事。外部數據所指的則是趨勢，以及可能影響到公司、生活等等的整體經濟要素。比如說，我猶記金融危機爆發時，全球經濟急轉直下，我若只是看著自己當時的個人數據，而有如置身隧道之中、沒去考慮數據的其它方面，我在很多決策上就可能轉錯彎、走錯路。我們必須確保自己正在融合內外部的數據，以及用以做出決策的數據。

將人力要素整合到數據啟發的決策會如何發揮作用？而這又會對數據素養中的不同領域帶來什麼影響呢？為了幫助我們深入研究這點，我們還得再探討人力要素中的另一個部份，那就是偏誤。只不過，什麼是偏誤？

偏誤

我們從分享數據科學的共享平臺 Towards Data Science 上學習到「偏誤：基本上被定義為『相較於其它事、其他人或其它團體，人們對於某件事、某個人或某個團體之好的偏見或壞的偏見，而且常被認為有欠公允』」[5]。統計上也會有偏誤，我們可以在Towards Data Science的同一篇文章中讀到，當數據無法代表總數，通常就會產生統計上的偏誤。此時，我們正更深入地檢視偏誤的第一個定義，但很遺憾地，在數據與分析法的世界中，個人的偏誤會在數據啟發的決策架構下帶來影響，所以我們要做的，就是致力於消除這種偏誤。就以「決定要展開哪種行銷活動」當作範例吧。倘若我們偏好展開某種行銷活動，數據指出要用活動甲，你卻偏好活動乙，你便可能順從自己的偏好執行活動乙，與數據相互牴觸。你覺得只有在商業界才會發生這種情況嗎？不，處處皆是！我們在用數據決策時若沒摒棄個人的偏見，便很可能阻礙架構中的步驟四，導致我們無法做出理性決策。我不會用整個篇章專門探討偏見，但會提及一些你所可能遭遇到的不同偏誤，並希望盡可能地向你說明擺脫偏誤所該具備的能力，這些都是很重要的。

我想要協助各位釐清的第一種偏誤，就是確認偏誤（confirmation bias）。基本上，確認偏誤就是我們尋找數據去支持既有的觀念、想法等等；我們並沒有對所有的數據敞開心胸，而只是找到支持自己論點的數據而已。這種偏誤隨處可見：在業務上、政治上，還有個人生活上都很普遍。我們有多常碰到不同來源的數據、看見不同的「答案」，但那些答案全都被傳訊者所抱持的確認偏誤給汙染、破壞了？政治正是這種偏誤的溫床。政治人物就是在此揀選自己想要分享的數據，同時強化自身的論述。

我想要討論的第二種偏誤，就是維持現狀偏誤（status quo bias）[6]。這種偏誤相當普遍，並且讓我們感到「舒適」。有多少人討厭改變，然後希望事情千篇一律就好？我們之中又有多少人喜歡便宜行事？在數據啟發的決策架構下，你要知道，你的決策若是希望未來有所改變，你可能就會碰到不少單純把你推開、只想要維持現狀的人。

雖然還有許多其它種類的偏誤，但第三種偏差——第一印象偏誤（first impression bias）——是我所提及的最後一種偏誤，又稱既定印象[7]。一如確認偏誤，這可能算得上是最普遍的一種偏誤。在第一印象的偏誤中，我們正在檢視第一種結果，對此感到滿意，然後就安於現狀，並沒花時間努力找出或設法瞭解是否還有其它的結果。這種「鳴槍前就偷跑」、操之過急的態度真的會阻礙你試圖做出數據啟發的決策。要是你針對銷售活動所得出的第一種結果預測出可獲得百分之五的報酬，於是你迅速基於這點做出決策，後來卻發現你在略行調整、重跑模型之後，所得出的第二種結果預測報酬將會增至百分之十二呢？很遺憾地，想要雷厲風行地採取行動很可能會變成問題。

在步驟四「整合人力要素」中，我們想要確保帶入了個人經驗、他人經驗以及公司組織的經驗，並透過他人或自己的偏見而取得平衡。我很喜歡提問：可不可能消除分析或決策中所有的偏誤？這或許極為困難，但那正是為何要致力於找出偏誤，盡可能地消除偏誤，並在過程中標示出哪裡可能滋生偏誤，以示警醒。

不論是數據素養定義的四大特點、分析法的四大層次，還是數據素養的三個C，數據素養都在消除或改善偏差方面扮演關鍵的角色。我們對於讀取數據、用數據工作、分析數據且用數據溝通越有自信、越感到自在，我們在消弭工作上的偏誤就會越有力量，如此一來，也才能在調和「人力要素」和「數據和科技要素」上變得更有自信。

整合完數據和人們的經驗後，下個步驟來到了重頭戲，那就是決策的時刻。

步驟五：決策

我們來到了數據啟發決策過程中的一個奇妙點，也就是決策點。步驟五其實就是以此架構命名的：數據啟發的**決策**。我們得要做出決策。在此，我們必須牢記數據啟發決策架構中的關鍵要素：第一，我們必須做出決策；第二，我們必須讓每一個人知道！第三，我們必須致力於推動這項決策。這些都是數據啟發決策架構中的關鍵要素。隨著我們正確、精準地執行這些重大的決策，我們就要確保自己在結合數據素養之下，恪守這三大關鍵要素。

在數據素養的定義下，我們一直試圖透過讀取數據、用數據工作、分析數據以及用數據溝通的能力達成一件首要任務，那就是決策，而我們透過數據素養所建構且善用的這些技能，全都是用來做出這種決策的力量。基於這樣的定義，隨著我們讀取數據，我們正準備好讓自己盡可能更深入地用數據工作；隨著我們用數據工作、分析數據，我們則是正在促使自己去傳達所發現的事物。我們就是轉而在此邁入決策的過程。沒錯，數據素養的四大特點在數據啟發決策的前四個步驟中都有各自的影響力，並且最終帶領我們進入步驟五，而分析法的四大層次確實能夠有效描繪出決策的概況。

分析法的四大層次

我們通常會在分析法的四大層次下一路做出決策。在描述性分析法中，我們建構出報告、儀表板和數據視覺化，使得內部人力透過數據取得成功。我們必須在有助於強化分析的四大層次下做出決策。隨著我們在其它層次中利用數據啟發做出決策，我們也正在利用通往決策過程的每一步。

做出決策有一項關鍵要素，那就是傳達決策。你可以想像有一位明星球員坐下來想做出決策，他檢視了數據和資訊，從親友獲得了Insight，採納了內外部的決定，並決意要從目前的球隊退休，但卻不讓任何人知道嗎？這怎麼可能呢？就用我最喜愛且伴我一同成長的球員——麥可．喬登（Michael Jordan）——來作為範例吧。對於有在追蹤其動態的人來說，喬登是在職涯中期決定退出籃球、改打棒球的，而他要是接受了所有的資訊但卻沒告訴任何人，那會怎樣呢？結果可能會是徹底的失敗。我們在業務上所做的很多事情也是一樣。

再來看回隧道吧。我們是可以從提問、取得、分析、整合到數據啟發的決策過程繼而做出決策，然後在這過程中不告訴任何一個人，但很遺憾地，所有這樣做的人最後下場似乎都會非常悲慘（除非你身邊有人真正對你的工作提出意見）。

反之，我們必須暢所欲言，做出決策，找出對的團隊並加以執行才對。在此，我們又重回到數據素養定義的第四項特點和數據暢流的力量了。藉由把這些納入工作並置於決策中最重要的位置，我們便是在邁向更成功的數據啟發決策。

除了傳達決策，我們還要身體力行。我愛極了超馬這項運動！我可以把很多的數據和資訊納入考慮，以針對自己該參加哪些賽事、如何訓練等等做出明智且數據啟發的決策。想像一下，我如果提出一個很棒的問題，像是「我應該參加哪種比賽？」，然後選了極為複雜又困難的百里超馬呢？那絕對都是可以接受的！我先提問，取得數據，分析所需要的訓練，再整合要是受傷之類的個人資訊，之後便決定參賽，甚至還在所有我最愛的社群管道上宣告自己要加入比賽。我若沒身體力行，那麼會怎樣呢？我若沒戴上完賽的皮帶扣（相對於獎章，那是百里超馬的完賽者一般都可獲得的獎）重新出現在我最愛的社群管道上，那我就糗大了。我完成了我所該做的每一件事，但卻只因並未徹底執行而感到困擾。

因此，當你藉由數據啟發決策架構的步驟結合有效的決策和計畫，可別忘了去做那件重要的事——致力於執行你的決策。

步驟六：重覆

最後一個步驟是我在討論、談論數據啟發的決策架構中最喜愛的步驟：受到數據啟發而做出決策的重覆過程。對我而言，「重覆」這詞意味著評估、從中學習並且繼續進行。在數據、分析與決策當中，有件事情是肯定的，那就是沒有任何事是肯定的！我們若妥善地進行數據啟發的決策過程，事情就會呈現循環，而且完整重覆。你若回頭查看圖9.1，就會看出那是一種循環。我們按照步驟，做出決策，但最大的關鍵或許在於我們是從決策學到經驗，並讓這個過程持續進行。整體而言，這有助於組織受到數據更多的驅動和啟發。正因組織希望利用數據的資產，就需要不斷地重覆過程。據說，擁有燈泡發明專利的湯瑪士·愛迪生（Thomas Edison）曾說道：「我沒有失敗；我只是找到了一萬種行不通的方法。」[8]數據與分析法也是一樣。當我們做出決策，卻沒得到我們想要的效果（我知道一項決策若沒我們預期的那麼有效，會很讓人震驚），這可說是一種學習的契機，而不是失敗。所以我們該怎麼做呢？

為了推動重覆的過程，我們必須建立數據素養的文化。我們在本書已經用偌大的篇幅談論過數據素養的文化，而我們必須確保組織內普遍數據素養的文化，其中人們瞭解分析法如何運作，也懂得決策的過程並不是最後一件事，而只是最後一件事的其中一環。合宜的文化一旦就緒，我們就能在組織已經明白決策為何、如何運作等等之下，催生出更明智的決策。

對於數據啟發決策過程中最後的步驟六而言，這種文化絕對是最重要的。這種正確的文化若未就緒，我們就會在整體的數據決策上遭逢重大的難題。以下兩則基本範例可以說明這點，其中一則是來自我個人在職場上的經歷。

我們可能遇到的第一個問題，就是組織並不瞭解在數據與分析法中，我們無法保證自己所做的決策絕對有效。文化上若不完備，具備強大數據素養技能的內部人力在受到數據啟發而做出決策時，仍會期待決策有效。好了，我不是說我們不該指望決策絕對有效，而是當決策無效、我們又具備數據素養時，就能把這當成學習的場景及學習的範例。

我們可能遇到的第二個問題，就是組織在欠缺強大的數據素養文化下，可能會對組織上下及其決策抱持偏誤。這意味著當個人受到數據啟發而做出明智的決策時，可能遇到來自四面八方的反對聲浪，因而導致決策無法順利推動。數據與分析法並不旨在成為一種負面、有爭議的領域。沒錯，我們是該質疑假設，針對現行之事提出辯論，並極力邁向更明智的決策，但我們若沒具備正確的文化，偏誤便可能從中介入、引發問題。

第六個步驟的重點，在於瞭解我們做出每個決策，並依序進行提問、取得、分析、整合及決策的過程時，每個面向和決策都將會經過分析、評估等。

本章摘要及範例探討

總的來說，對於期待在數據與分析投資上獲得成功的組織而言，數據啟發的決策架構是必備的。請確保你和你的團隊正遵循我們在六大步驟中概述的過程。提問、取得、分析、整合、決策及重覆的過程應該要成為你的第二天性，也應該成為你如何定期運用數據素養的一部分。我要再次提醒各位，少了決策，數據素養的目的何在？數據素養應該要引導身為個人的你和組織作出更明智的決策。以下這則範例將會幫助各位瞭解這點。

現在，我們來看看勞斯萊斯汽車公司吧。勞斯萊斯利用互聯網及其所生產的飛機引擎感應器，而這些感應器會在飛航途中向地面發送訊息，對於航行中的飛機可說是強而有力的資源。透過這則範例，我們將會闡述數據啟發的決策過程可能如何進行，以讓組織判定在飛機上安裝物聯網的感應器會是一項值得的投資。請注意，這是一則假設性的範例，假設這種情況可能發生，我並不清楚這是否符合實際狀況，但會呈現出數據啟發的決策過程可能如何發揮作用。

第一個步驟會是提問。想像一下你是工程師或數據科學家，正在研究外部環境，並注意到物聯網和感應器正在網路及數據與分析的世界中成為越來越熱門的話題。你問了自己一個問題：我們能否在飛機引擎裝上感應器，以在整個飛行過程中向地面傳送訊息？這是步驟一，也就是你出於好奇提出問題。

下一個步驟，則是你認為要審慎地蒐集許多關於感應器本身、它們如何運作、可否裝在飛機上，以及能否在飛行過程中傳送訊息的數據和資訊——這些都是外部數據；你也研究、打聽到組織內部的計畫，想要找出這個時機合不合適，還有在引擎上做到這點會有多難。最後，你取得了感應器所能蒐集到的數據和資訊，讓你能夠描述這麼做的可能性。步驟二——取得數據——於是完成。

第三個步驟是分析一切。你去蒐集所有來自內外部的數據和資訊可不是單單為了好玩吧？當然不是！你蒐集那些所有的資訊，是為了瞭解、分析數據。你篩查完堆積如山的數據，好讓自己真正地瞭解到推出這種航空感應器的複雜度、市場狀況，以及潛在的報酬。你更善用起批判性思考的技能，幫助自己經由分析法建置出不同的場景。步驟三也完成了。

第四個步驟是把人力要素整合到分析中。不光是整合你的人力要素，還有你的鄰居、朋友、同事等，以瞭解這些新式感應器的潛在影響，還有它可能如何幫助數以百萬的人們搭乘飛機更加安全。你也很小心地不讓偏見牽著走。你瞭解你個人很想擁有這些感應器，認為蒐集數據讓你感到既興奮又有趣，但也充分意識到個人興奮感可能對這項決定帶來影響。藉由這個過程，你感覺到已經充分整合了個人的經驗等等。隨著完成了步驟四，你正安穩地邁向數據啟發的決策。

第五個步驟則是決策的步驟。歷經所有的過程後，你決定要在飛機引擎上安裝物聯網的感應器了。你覺得這麼做將對飛航大有助益、帶來好處及回饋，且讓這個世界在飛航上變得更有「智慧」等等。你也準備好溝通的計畫，協助組織獲知內部有關的目標和計畫，最後才身體力行，執行這項決策。

沒錯，最後一個步驟正是重覆。隨著你推出這種感應器，你也同時開始蒐集越來越多有關感應器及其如何運作的資訊。透過這些資訊，就能夠提出越來越多的問題，讓你一遍遍地進行起數據啟發的決策過程，而這也就是組織中強大的數據啟發決策過程所擁有的力量。若說這些都是為了營造出明智、數據驅動文化的重要過程，一點也不為過。

註釋

1 Qlik (undated) Data-Informed Decision-Making Framework. Available from: https://learning.qlik.com/course/view.php?id=1021 (archived at https://perma.cc/32WF-BHD7)

2 Jenkins, B (2019) 25 Bizarre News Headlines You Won’ t Believe Are Actually Real. Liveabout.com, 11 March. Available from: https://www.liveabout.com/bizarre-news-headlines-4147212 (archived at https://perma.cc/B32Y-SXAV)

3 Renz, T (2018).25 Crazy news Headlines Around The World That Actually Happened in 2018, Thetravel.com, 25 December. Available from: https://www.thetravel.com/crazy-news-headlines-around-the-world-that-actually-happened-in-2018/ (archived at https://perma.cc/7V4R-36GK)

4 Merriam-Webster (undated) Definition of Integrate. Available from: https://www.merriam-webster.com/dictionary/integrate (archived at https://perma.cc/S6VV-4CGR)

5 Terrance, S (undated) What is Statistical Bias and Why is it so Important in Data Science? Towards Data Science, 18 February. Available from: https://towardsdatascience.com/what-is-statistical-bias-and-why-is-it-so-important-in-data-science-80e02bf7a88d (archived at https://perma.cc/RCT7-KE6F)

第十章

數據素養和數據與分析策略

我們已在本書的前九章大幅探討數據素養，但有個領域我們並未特別關注，那就是數據與分析策略。沒錯，我們已在本書多方提及並不打算深入探討這點，但我是真想簡要地談談數據與分析策略上許多不同的領域，並把這些稱之為「大肆宣傳」（hyped）的領域。我這邊所指的「大肆宣傳」並不是負面的；我指的是那些常常出現在生活中、數據與分析的討論中有關數據與分析法的說法和領域，它們有時甚至還會激起一陣熱烈的討論。我想要僅僅討論這些數據與分析法的領域為何，以及它們如何結合數據素養。相關的領域如下：

- 數據驅動的文化；
- 商業智慧；
- 人工智慧；
- 機器學習與演算法；
- 大數據；
- 嵌入式分析法（embedded analytics）；
- 雲端；

- 邊際運算分析法（edge analytics）；
- 地理空間分析法（geo analytics）。

沒錯，這些尚不足以構成數據與分析策略整體所涵蓋的範圍。有很多面向是能成為策略的一部分，但這並不是指所有的一切都**應該**成為策略的一部分，我們只是想要確保大家在讀完本書之後，能夠瞭解這些主題、它們與數據與分析策略哪裡相關，還有數據素養技能如何在這些題目上發揮作用。

數據驅動的文化

隨著組織想要變成一種「數據驅動的文化」，近年來有些主題於是變得備受關注。本項主題雖然成了許多想法、觀念之類的依據，但因為組織並不清楚如何成為真正受到數據驅動的文化，所以這也就成了某種普遍卻又錯誤的概念。

二〇二〇年，當這個世界看見事物因為COVID-19的疫情而迅速關閉、封鎖，組織正期待透過業務上許多不同的面向——如職員及職安、協助顧客度過經濟引發的關門潮、供應鏈需求、數位轉型（內部人力被迫轉為遠端工作者而不須到公司工作）等等——而做出最佳的決策。結構良好且強而有力的數據與分析架構——一種長年都在努力取得成功的架構——有助於這些改變。但問題出在哪裡？大部分的組織很快就發現到自己並不是真正受到數據所驅動的公司——無論它們原先覺得自己是或不是——而這引發了嚴重的焦慮和許多的問題。

我的行程向來很滿，但在COVID-19導致世界面臨關門潮而組織也在找尋更多方法的同時，我的行程甚至排得更滿了。我想，很多組織在玩數據與分析的遊戲時，這種狀況很像是一個人即將踏入泳池。我們可能都看過、做過這樣的事，那就是把腳伸入泳池中的水。若這是在「試水」、感受水，以判定水溫，就不會縱身一躍、直接沒入，而是隨著浸水的部位慢慢適應水溫，而逐漸深入泳池。

但是，有些人是毫不猶豫（我有個兒子便是如此），看到泳池就直接跳了進去，完全不去碰水、感受水溫。那些飛快且毫不畏懼跳進泳池、沒入身體的人已經準備就緒，享受泳池所帶來的好處；但那些猶豫不決或慢慢沒入水中的人可就不是這樣了。他們如若等得太久，就可能遇到麻煩、泳池關閉，自己或許也無從獲得泳池所帶來的種種好處。這種場景就像是一家公司未把自己完全浸入數據與分析的世界那樣。

「數據驅動的文化」這說法尚未有確切的定義，所以我們沒有必要為這個說法或詞彙擬定技術上的定義，它基本上就是大家聽起來的那樣——一個受到內部數據與分析法所驅動的組織及文化。我總愛說，我們想把數據的DNA「織入」組織的文化中；我們想藉著數據與分析法的DNA賦予組織能力。這就是數據驅動的文化，人們在這當中質疑假設、利用數據啟發的決策，數據素養也同時蓬勃發展。能夠找到一個真正透過數據驅動的文化而獲得成功的組織並不容易，主要有網飛、谷歌和亞馬遜，但其餘的可能不多，真正有受到數據驅動的組織更是少之又少。相較於完全不管水溫就一頭跳進水裡的公司，正在涉水、緩緩沒入水中的公司遠遠更多。

由於二〇二〇年全球面臨疫情所引發的關門潮，「數據驅動的文化」這個說法和用法越來越受到重視。隨著組織正躡手躡腳試起水溫，尚未沒入，加以關門潮讓人們從數據與分析法的角度認清了自己所正面對的事實，組織這才瞭解，他們根本還沒準備好。組織的內部文化和內部人力都還沒準備好拉下「數據啟發決策」的操縱桿，進而做出決策。

我們已經在前面章節花了不少篇幅探討數據素養的文化，在此無須贅述，只不過，數據素養的文化究竟和數據與分析策略有何關係？數據驅動的文化和數據與分析策略可說是大有關係。我們倘若希望策略有效、成功，就得擁有對應且受到數據驅動的文化，其中數據與分析法能與整體組織及內部人力相互交織、充分結合，而數據素養正是得以實現這點的工具。

有時，我認為組織把工具或是有如神話、難以理解的數據驅動文化看作是一種策略。請容我強調一下：工具和文化並非策略，而是促使事情成功的元件。在此，我用蓋房子當作類比吧。想像一下，你想要蓋一棟超棒的房子，所以買了些許的木材和釘子、一把鐵鎚，可能還有一些其它的工具。你沒有畫出藍圖，但你預計這樣不會有問題、可以順利完成，於是隨便雇用幾個路人，對他們說：「為我蓋出一棟夢想中的房子吧。」這會有多麼成功？很遺憾地，你不會成功。但如今想像一下，你畫好了藍圖、聘請專業的承包商，並讓人人都準備好為你蓋起這棟夢中的房子。你的計畫具備了蓋房子的文化，而這就是數據驅動的文化。

請讓組織內數據驅動的文化變得獨一無二吧，只不過這種方式並非一體適用。有些組織一路落後很多，有些沒有；有些組織已經具備數據素養的內部人力，有些則不具備。請就個人及工作找出你和組織位在哪種程度，才接著建構起計畫、藍圖及策略。

商業智慧

我們並不可能寫出一本專論數據素養，但卻排除商業智慧的書籍。一開始，我們可先轉而探討商業智慧的歷史及其組成的工具。商業智慧並不像你已在本書中所讀到的一些近期用詞，它存在已久，而且早在幾十年前，Microsoft Excel就已經開始使用。一九九〇年初，類似Qlik的商業智慧工具便已問世。隨著數據未來的走勢看漲，一系列商業智慧的工具也跟著水漲船高，如Tableau、ThoughtSpot、Microsoft Power BI、Alteryx等等。其實不只我所分享的這些，商業智慧的工具遠遠還有更多。所以，何謂商業智慧？

根據美國的金融投資評論網Investopedia，我們得知：

商業智慧即程序上和技術上的基礎建設，旨於蒐集、儲存並分析公司活動所產出的數據。商業智慧是一種廣義的說法，其中涵蓋了數據探勘、過程分析、績效標竿和描述性分析法。商業智慧從語法上分析自業務所產生的全部數據，並呈現出容易理解的報告、績效評估的措施，以及啟發管理階層做出決策的趨勢。[1]

好了，這是技術層面的定義，所以，讓我們進入到非技術會面的定義吧。商業智慧是一種工具及數據源，組織可藉此在分析法的四大層次上取得成功。商業智慧能讓我們蒐集數據，予以簡化、合併，並在數據視覺化之類的分析工具中進行妥善運用。商業智慧還幫助我們利用「數據普及化」所賦予大眾的能力。瞭解到最後這部分後，我們便來看看數據素養如何在商業智慧發揮作用，但在這之前，先來談談它對數據與分析策略的影響。

在數據與分析策略中，組織須採取多方手法，才能在數據與分析法上獲得成功，而手法之一，就是組織為了成功而配置一系列的工具。為了擷取數據源，組織須配置哪種工具？為了整理數據，進而用於普及數據，組織須配置哪些工具？為了分析、視覺化並進行數據分析的許多其它面向，組織又該配置哪些工具？這就是所謂的商業智慧。

在數據與分析的策略中，組織通常會建立團隊，以協助配置、建構一系列的商業智慧——有時稱之為工具「堆」（tool 'stack'）。這一系列的工具旨在協助組織進行數據普及化，並協助組織在分析法的四大層次上獲得成功，而數據素養正是在此發揮作用。倘若少了數據素養，這一系列的商業智慧也許就無法運作，不然就是無法充分發揮潛能。

隨著組織建構出一系列的商業智慧工具，組織本身充分理解分析法的四大層次，還有這四大層次將如何幫助組織在數據與分析策略上取得成功，就會變得十分重要。在分析法的每個層次中，具備能讓該層次順利成功的工具也是非常重要。對描述性分析法而言，我們需要正確的儀表板和數據視覺化的工具。為了確保我們能把正確的訊息呈現給正確的人們，擁有正確的儀表板和數據視覺化的工具便成了關鍵。這些同樣的工具也有助於推動診斷性分析法，除此之外，還有其它能夠幫助我們更有效探究數據的工具。分析法的第三個層次——預測性分析法——則是需要正確的工具及軟體（還有良好的數據品質），才能確保得出正確的預測。到了第四個層次，亦即指示性分析法，考量到數據和科技能在這層次中幫助我們決定數據的用途，正確的工具和妥善的品質因而成了必要的前提。

分析法四大層次最重要的，就是協助組織整理數據、擷取數據源，並在正確時點把數據放上正確位置的商業智慧工具。這項主題非常重要，可另著專書論述，但擷取數據源及管理數據的技術發展、進化地十分神速。正因這樣的發展和進化，正確的人才擔任正確的職位就非常重要；同時，為了取得數據，具備合宜的數據素養也一樣重要。因為我們記得數據啟發決策架構裡的步驟二，所以必須為了決策的過程而取得良好的數據。

在商業智慧中，數據素養旨在賦予公司能力，使其透過數據普及化取得成功。商業智慧則是在數據驅動文化的藍圖下，協助推動數據普及化的工具（思考一下先前蓋房子的策略）。在數據驅動文化的藍圖下，我們可把商業智慧視為一種數據和科技的軟體交給職員，好讓他們成功執行數據與分析策略的工具。這些是不是都很合理呢？商業智慧基本上就是策略和藍圖的釘鎚。

於是，數據素養成了正確利用工具，以得出正確的最終結果（end result）的技能。在數據與分析策略中，最終結果就是要做出明智、理性且受到數據啟發的決策。整體的內部人力也需要正確的數據暢流，才有助於形成一套公司組織上下利用數據的方式。但在此大家應該瞭解、注意到，數據素養並不只是數據與分析法一起運用的理論和概念而已，其中也包含學習在進行數據與分析的工作時，利用手邊的商業智慧工具。我們可以學習所有想要的理論，但若無法透過工具有效執行，學習又有何用？反之亦然。我們若學會了有關工具的一切，卻對如何個別運用在分析法的四大層次上一無所知呢？這樣的學習也可能毫無用處。所以，我們必須結合兩者，才能確保在數據與分析的工作及商業智慧的工具上雙雙成功。

人工智慧

為了幫助我們瞭解人工智慧的世界，我在討論這部分時，將會按照某種次序進行。首先，我們將會單純探討何謂人工智慧；再者，我們才能探討人工智慧在數據與分析法中的含意；最後，我們將會檢視數據素養對人工智慧的影響。

根據《韋氏字典》，我們瞭解到人工智慧的定義為「電腦科學的分支，旨在模擬電腦上的智慧行為；機器模仿人類智慧行為之能力」。我們單從這項定義，就能看出人工智慧可以在數據與分析法的哪個部分帶來影響——特別是在它模仿人類行為時。這不禁讓我想要提出以下疑問：人工智慧真能像人類那樣，做出明智、受到數據啟發的決策嗎？

以下幾則人工智慧的範例有助於說明這詞的含義[2]：

- 亞馬遜的智慧語音助理Alexa：在我家裡，Alexa是一種常使用的工具（主要用來聽音樂）；
- 美國人工智慧公司Cogito：你可能已和Cogito公司所建置的人工智慧互動過了卻渾然不知。我們從該公司官網上讀到：「Cogito人工智慧會向智慧體（agent）傳送來電的行為指引，以及針對客戶每次通話的感知所應採行的即時措施。Cogito正在協助成千上萬的智慧體和數以百萬的客戶建立起更良好的關係。」[3]藉著使用人工智慧，Cogito有助於讓通話經驗變得更享受、更成功（但願如此）；
- Nest：有多少人看過這種神奇又有效的裝置？Nest是一種家用的數位溫度調節器，它會學習、利用演算法來驅動暖氣和冷氣。噢，對了，你知道Nest可以經由Alexa聲控嗎？這些東西本身是如何有效運作真的非常有趣。

在當今世界裡，無論我們知不知道、喜不喜歡，或者想不想承認，人工智慧都無所不在。我們有責去認可它的力量，並智慧地善用這份力量。

在數據與分析法中，人工智慧具有強大、賦能的功用。我們可以從定義中得知，人工智慧即是試著模仿智慧行為。要是我們可以藉由一台電腦或一種人工智慧，為我們在數據與分析的架構中做出更明智的決策呢？那就是力量！電腦處理資料的力量遠遠勝過人類——至少比起我們，電腦可以找出這麼多的解方和答案。超級電腦所能處理的又遠比一般電腦更多，這使得它們能夠處理、計算遠遠更多的事物，比人類在任何時候所能做的都還多。把這種力量置入決策的過程既不可思議，又大有幫助。我們若能有台電腦為我們做出更明智的決策，並為數據與分析的部分工作帶來力量，那麼，我們就能在這些領域看到更豐沃的投資報酬，只不過，這和數據素養有何關係？

數據素養對人工智慧具有重要且重大的影響，但我感覺到大家對於人工智慧為何，還有它究竟能做什麼、會為世界帶來什麼有所誤解。以下提供一則我個人的故事，有助於說明我主張數據素養要合併人工智慧的論點。

當時，我飛往南非參加會議，在會上發表數據素養的主題，一路上還拜訪了不同的組織，並談論起數據素養、舉行工作坊等等。有一次，我去拜訪其中一家公司，並對規模較小的員工團隊進行簡報，當我們正在熱烈討論、進入了開放式的問答，聽眾裡有位先生提出了一個特別重要的問題：這種擴增智慧或人工智慧難道不會讓我們變懶嗎？請大家思考一下這個問題吧。你們認為呢？這會讓我們變懶嗎？我給他的回答充分切合了我對這美好又強大的主題所抱持的想法。我要大家都去想像一下自己手上的儀表板或數據視覺化。我們每周都得準備好這份特別的儀表板，而且通常要花上約莫三小時，之後待準備完成，再發送給合適的當事人。好了，想像一下組織為了這份特別的儀表板，正推行著人工智慧。過去要花上三小時的東西，現在只需要十五分鐘就夠了。你會只是變懶而已嗎？不！你現在多出了兩小時又四十五分鐘去完成更深入的資訊探索，或者進行其它計畫。

對我而言，人工智慧的問世不會讓我們變懶，反而能夠幫助我們提升產值。藉著賦予我們更多時間扮演好自己的角色，如今我們有更多機會去執行數據素養的三個C——好奇心、創意及批判性思考。很遺憾地，一如美國電腦科學教授卡爾・紐波特（Cal Newport）所言❶，我們有很多工作並非「深度工作」（deep work），我們可能還會發現，許多都是一成不變、單調平凡的差事，甚至還有點開電子郵件之類的淺薄工作[4]。藉著在工作中運用人工智慧，如今我們就能利用數據素養的技能，在數據上獲得成功。

人工智慧除了開啟機會及可用性的大門，還會幫助個人和組織逐步解決一系列的商業智慧以及／或者分析法四大層次的問題。你可以在描述性分析法，即建構儀表板和視覺化時，找到人工智慧；在診斷性分析法中，擁有一台智慧電腦能夠幫助個人檢視並找出嶄新、改善後的Insight；在預測性分析法及指示性分析法下，由於人工智慧的計算力量和處理速度能夠產出精準的預測，並幫助我們瞭解該做什麼，所以人工智慧得以扮演關鍵的角色。

大抵上，人工智慧有時雖被過度吹捧，但它的確會為任何一種數據與分析策略帶來強而有力的加乘效果。

---

❶ 譯註：《Deep Work深度工作力：淺薄時代，個人成功的關鍵能力》（*Deep Work: Rules for Focused Success in a Distracted World*），時報出版，二〇一七年七月二十五日，吳國卿譯。

機器學習與演算法

緊接著人工智慧的，則是機器學習與演算法。就先從演算法開始吧，因為演算法可能是所有人都比較熟悉的部分。演算法就是「為了解決問題或達到某種目標而依次進行的程序」[5]。基本上，演算法會為了直接目的或指定目標而進行計算，或是進行一系列計算的步驟。

全世界演算法的範例有很多，而我們可以從銀行與金融服務業找出一則範例。銀行與金融服務業主要對外進行高額借貸。當他們對外放貸，判定誰有資格接受信用貸款並且將會償付貸款便成了重中之重。身為一般人，我們是有能力找出如何評估一名潛在客戶的信用程度，從而做出決策；但我們為何不去利用演算法的力量，篩查所有的數據，進而找出能否向特定人群放貸的具體決策呢？好了，這類的工作和演算法是很棒，但就像有些狀況那樣，可能充斥著錯誤及偏誤。演算法是誰寫的？又是誰為演算法擷取數據源呢？

我知道我在這說得太過籠統，但演算法的確可能出現錯誤及偏誤的問題。人本來就會犯錯，也會抱持著既有的成見，所以當人們著手處理演算法、建構演算法、為演算法擷取數據源並執行演算法時，這些錯誤和偏誤便可能悄悄地影響最後的結果。演算法和人工智慧中都可以發現、看到這類的錯誤。

演算法的近親就是機器學習。機器學習聽起來像是怎樣的？呃，像是機器——一台電腦——將會進行學習。沒錯，就是這樣！根據美國《麻省理工科技評論》（*MIT Technology Review*）指出：「機器學習演算法（我就說吧，近親）運用統計學在大量的數據中找出模式。」[6] Investopedia則稱：「機器學習是一種電腦程式能在不受到人類干預之下，學習新數據並適應新數據的概念。機器學習屬於人工智慧的範疇，無論全球經濟如何變化，它都能讓電腦內建的演算法保持最新。」[7]「基本上，在機器學習中，演算法不但可以自行學習，還能為了讓組織、數據、分析法等更加完善而精益求精。

演算法與機器學習在數據素養和數據與分析策略中佔有一席之地，但我們必須瞭解，這是非常「技術層面的」。我們的身邊有機器輔助、機器還能自行學習等的確非常有效，但少了能夠運用結果的內部人力，這些則很可能毫無意義。在這種情況下，數據素養就是能讓內部人力和組織文化在機器學習與演算法上獲得成功的力量。

我們若正設法成為數據驅動的文化並逐步實施數據與分析策略，機器學習應該就會賦予內部人力——數據中的人力要素——更多的時間進行詮釋、提問等等；它應該也會賦予人力要素力量，使其能夠做出更快速、更明智的決策。數據素養正是在此發揮作用。隨著演算法或機器學習系統處理數據、提供結果，並持續自行學習，身為執行者的你最好準備好運用手邊的數據，從而做出更明智的決策。在此，我們可以看出數據素養定義的第三項特點——分析數據——所帶來的力量。

我們若想確保內部人力能夠妥善運用演算法或機器學習所分享的數據，就要保證我們的數據素養策略和數據素養學習完整且有效，同時我們也可以看出能夠訴說數據語言——數據暢流——以及運用數據素養三個C的必要性。由於我們正在利用量身訂做的演算法，所以應會心生好奇、針對結果提問，並讓眼前的結果變得更有創意，想當然耳，也應會針對資訊進行批判性思考。演算法一旦給了我們資訊，我們就該利用自己的力量針對上述資訊進行批判性思考，同時判定我們所正使用的結果是否存有錯誤或偏差。

大數據

「大數據」這說法其實是在二〇一〇年代才逐漸流行起來。大量數據的這種概念幾乎好到讓人難以錯過，不是嗎？要是我們坐擁大量的數據，能讓我們進行篩查、找出Insight，並真正協助組織在數據與分析策略上取得成功呢？這聽起來真是棒極了，每個組織似乎都該善加利用才對。

大數據是一種「數量逐漸擴增、傳輸速度空前飛快且種類愈益繁多的數據，亦即眾所皆知的三個V」[8]。這三個V分別是數據的數量（volume）、傳輸速度（velocity）以及種類（variety）。這些神奇的字詞應該會合理說明公司組織如何能夠利用其所正產出的巨量數據。過去，我曾任職於全球規模最大的金融機構之一，而該機構所產生數據量絕對已經達到且符合大數據的指標：該數據量非常龐大，傳入組織的速度飛快，種類更是來自世界各地。沒錯，這個案例是能成功地說服我們這樣的數據就是「大數據」，但大數據是否真像人們所宣傳的那樣呢？

在經過一段時間後，其實我們發現到「大數據」是很重要，但小規模的數據、中等規模的數據等等也很重要。組織得利用的不只是大數據，還有各式各樣以及各種規模的數據。組織若只專注於大數據，便會遺漏**所有**數據可能具備的力量。

在數據與分析策略的範疇下，個人和組織必須瞭解到，隨著人們大肆炒作眼前的數據和資訊，他們很有可能陷入這方面的迷思，我指的是全球掀起了一陣有關大數據的熱潮。在數據與分析策略之下，沒錯，你或許得要擷取數據源，同時擁有一套系統，能夠處理公司組織或許可以利用的龐大數據，但請記住，你的組織和你本身或許也得擷取數據源，並利用起其它規模的數據。

只要具備數據素養，結果就會是一樣的：請學習如何用數據與分析法工作，並對此感到自在。無論你正檢視的是大數據、小數據、圓數據、三角數據還是其它我所能想到以「數據」兩字結尾的數據名稱，這些都不重要。身為個人，我們必須能夠有效利用本身數據素養的技能、分析法的四大層次以及數據素養的三個C，並對此感到自在，方得從數據找出Insight。

嵌入式分析法

嵌入式分析法是數據與分析法中嶄新且正蓬勃發展的領域；我還會補充，說這也是數據與分析法中特別重要的領域。嵌入式分析法就是「整合分析內容和應用能力，像是業務流程應用（如CRM、ERP、EHR／EMR）或業務流程入口（如內網或外網）」[9]。基本上，嵌入式分析法正是內部人力唾手可得的分析法。這不是很合理嗎？在我們定期使用的系統中，它向來就不是其中的一環——至少不是以我們需要的方式和形式呈現。嵌入式分析法正在成為順利推動數據與分析策略的關鍵。

嵌入式分析法在數據與分析策略的架構中觸及了多重面向。首先，我們都很清楚若要在數據與分析上獲得成功，數據普及化不可或缺。為了利用人力要素和內部人力中不可多得的天賦，我們就得把數據和資訊交到大眾的手裡，而這通常是透過本章討論過的商業智慧工具所辦到的。但我們若能經由在定期使用的系統中嵌入分析法更進一步地改善這點，那麼會怎樣呢？而且這看起來又會如何？

第一則範例，請想像一下你是一名業務人員，手上有了一本厚厚的顧客名冊，而你希望拓展公司的客群、開發新的顧客，並和現有的顧客建立起更穩固的基礎。公司目前正在推出全新的產品線，你很想向顧客推銷一下，但不確定自己清不清楚該向哪些顧客推銷才好。要是你就在銷售軟體內建一種用來篩查、拆解並且更加瞭解顧客群的分析能力呢？這會讓身為業務人員的你針對「鎖定哪些顧客推銷新產品線」而做出更明智、更快速的決策。倘若銷售軟體欠缺這種嵌入式的能力，你可能就得要求某人去為你篩查數據或產出報告，整個過程便會放慢，而我們都很清楚時間就是一切，十分寶貴。

第二則範例取自於倉庫和產品線的存貨。我年輕時曾在倉庫工作，在倉庫裡，產品的流動最是重要，我不僅要提供架上足夠的產品，還要及時處理客戶的訂單。只要輸入準確，我們所使用的軟體就會迅速更新（你看，即便你在倉庫工作、覺得數據對你無關緊要，但它對你其實非常重要），然後我們就能看出庫存還有多少。要是我們已經在運送軟體嵌入分析法，能夠根據顧客的歷史訂單看出他們可能會訂購什麼產品呢？又或者，我們能夠看出有關運送過程的不同分析法，讓我們得以在運送的訂單上做出更明智、更快速的決策呢？同理，嵌入式分析法的力量非常重要，因為它能讓員工隨時取得數據。其實，我們可能老是認為倉庫的職員不必具備數據素養或是分析能力，但這種想法大錯特錯，因為他們一旦被賦予這種能力，整個團隊也就一併被賦予相同的能力。

第三則範例來自我的個人經歷。你也許能夠經由一路閱讀本書看出我熱愛超馬。當我展開訓練，我須得留意自己的身體所分享給我的數據和資訊。要是有另一種有效的方法，讓我能夠瞭解訓練成效，還有我在進行時和計畫中（你若要說，這就是我的超馬策略）表現得如何呢？有啊，那就是嵌入式分析法。

至於慢跑，我會利用能在山間追蹤跑步狀況的智慧型手錶。這種手錶非常強大，它不僅評估、監測高度和里程數，還會追蹤我上升和下降的垂直高度達多少英尺，以及我的速度、節奏、心律（最大心律和平均心律）、最大攝氧量（VO2 Max）估計值、燃燒多少熱量等。我可以拿出手機連上手錶，看看我能做些什麼，同時研究起那些指標，再利用這些嵌入式分析法強化我整體的超馬計畫。

透過這些範例，我想，我們已經能夠看出嵌入式分析法為何是提升數據與分析策略的有效方法了；經由這些範例，我們還能看出無論你在公司擔任什麼角色及職位，數據素養為何都是如此重要。有了數據素養，你將能讀取嵌入式分析法，藉此篩查、強化、分析，從而提問、獲取解答，最終向他人傳達決策；有了強大的數據素養技能，你將能利用本身的好奇心針對嵌入式分析法提出疑問、運用創意打造出強而有力的故事，並且針對資訊進行批判性思考。

雲端

這裡又出現了另個你也許會定期聽到的字眼——尤其處理數據時——那就是「雲端」。雲端並不是什麼存在於夢幻島的神秘物事，基本上，它是一個在裝置外儲存、維護數據的地方。組織以往都會把數據存放在數據倉儲（data warehouse，又稱資料倉儲）或辦公室內部的其它裝置，但這種思維及策略的問題在於，因為你得經常收納數據，並且購置容量越來越大的伺服器，所以儲存數據就可能變得非常昂貴，而雲端則能讓組織在辦公室外部的其它區域儲存數據。

把數據移到雲端該不該是數據與分析策略的一部分呢？當然！雲端涵蓋了一些優點，比方說彈性、可靠、正向投資、行動化的路徑、回復功能、環境優勢、安全保密、取得方式及監測提醒等[10]。這些聽起來都像是雲端應該成為數據與分析策略一部分的重要原因。

我們一旦透過數據暢流體現出數據素養，數據素養就會在雲端發揮作用。實際把數據移至雲端或是得知你從哪取得數據，都沒有比數據素養來得重要、重大。無論數據位在何處，你都會運用自己在分析數據上強大的數據素養技能。

邊際運算分析法

邊際運算分析法是數據與分析法中新興且強大的領域。「簡言之，邊際運算分析法涉及在感應器、裝置或觸控點本身蒐集且分析數據，而非等待數據回傳至雲端或辦公室內部的伺服器」[11]。我們先前已經談論過感應器和物聯網的數據蒐集。邊際運算分析法就是讓感應器和其它裝置本身能夠蒐集、分析數據，而非等待數據蒐集完畢才準備進行分析。我想，嵌入式分析法算是邊際運算分析法的近親吧，兩者非常類似。在此，我們看到了即時又強大的分析法；只要你想，這足以改變整體的遊戲規則及結果。請想像一下飛航時能從機身引擎取得數據集和分析法，或是人們能從自駕車獲得安全力和健康力。邊際運算分析法是一種分析數據的有效方法，但它究竟在數據與分析策略中佔有怎樣的地位呢？

沒錯，邊際運算分析法是在數據與分析策略中佔有一席之地，所以大部分的內部人力都會在工作上用到邊際運算分析法嗎？可能不會，但這也許是他們角色中的一部分，又或者，他們可能會在產出、蒐集並分析數據時才處理這些數據。邊際運算分析法的確得在數據與分析策略下發揮作用、帶來影響。

同理，一如雲端，我們在哪蒐集、處理且分析數據並不重要，重要的是，你必須自信地使用數據素養的豐富技能，使得邊際運算分析法能夠貫穿整個組織。邊際運算分析法的力量如此強大，但一如數據與分析法中許多的事物那樣，公司或組織在採用邊際運算分析法後若沒帶來實質的成果，邊際運算分析法就可能逐漸消失，終而化為泡影。在此，請善用你的數據素養技能去幫助你的組織在邊際運算分析法上取得成功。別因為內部人力數據素養不足、無法看到邊際運算分析法開花結果，而讓你的公司在數據與分析的投資上再次血本無歸。

地理空間分析法

本章的最後一項主題是地理空間分析法。雖然這是最後一項主題，但我們尚未詳盡徹底地建構出一份有關數據與分析策略的主題清單；還可以再延伸其他許多主題。

地理空間分析法即為地理分析法。人們運用地理空間上的數據，然後在各個地區標示數據等等一向進展神速。以下幾則範例說明我們可以如何利用地理空間的數據瞭解訊息：

- 瞭解病毒的移動及其帶來的影響。全世界在爆發 COVID-19 疫情期間已經看出這成了首要任務。隨著新型冠狀病毒在全球流竄，人們已經開始利用地理空間的數據與分析法，好讓全球能在不同的時點和地點進行開放與封鎖。
- 銷售資訊。你若繪製了你銷售地區的地圖，就能看出哪裡的客戶會買，而哪裡的客戶不買。為了瞭解客戶群的趨勢和資訊，這種方式可說是非常有效。
- 犯罪潮。組織透過數據與分析法進行地理描繪，就能標示並清楚瞭解犯罪地點、犯罪類型、犯罪趨勢、犯罪模式，甚至可能藉此揪出罪犯。
- 數據視覺化。我曾目睹地理空間分析法發揮作用的方式之一，就是地圖上的標示分析法，像是標示出個人、團體或車輛等等。這能讓我們針對團體或車輛所在的不同區域，也就是數據發生地進行標示，也能讓我們繪製、理解並分析數據和資訊。

● 供應鏈分析。供應鏈是一種非常強大的物流策略，但也可能發生問題。透過地理空間分析法，組織就能瞭解本身供應鏈的現況，還有哪裡可能發生阻礙——極可能是以字面或圖示的方式。

地理空間分析法不僅是數據素養中很獨特的區塊，同時也能為組織的數據與分析策略有效加分。組織應該選用合乎策略的地理空間分析法，而不是強制實施。請妥善地使用地理空間分析法及其所能提供幫助的部分，因為「『可』被標示的事物並不代表它就『應』被標示」。所有的組織都可能學到這點：光是因為你可以在數據與分析法中做到什麼，並不代表你就應該有權使用什麼。清楚明白這一點可說是數據素養中了不起的技能。

地理空間分析法下的數據素養也是一樣。瞭解並讀取載明數據和資訊的地圖未必是一項難以學會的技能，但請先掌握數據與分析的標準學習。假以時日，你將能夠適應、應用，同時賦予自己學習地理空間分析法的能力。

本章摘要

如前所述，這份清單並未徹底囊括數據與分析策略的所有主題，但仍算得上是一份好清單。本章節應該為每一個人所做的，就是強化大家的數據暢流，亦即數據素養中關鍵的一部分。我們已在本章探討過機器學習、邊際運算分析法和地理空間分析法等主題。在你閱讀本章之前，有人若向你說起這些主題，你能夠和他對答如流嗎？我會很樂於聽到你自信地說：「我可以！」但很不幸地，多數人都無法辦到。好了，所以請善加利用本章，好讓你在談論數據時變得更流暢吧。

你不光是學會數據暢流，如今也拓展了自己在數據與分析策略上的知識，甚至瞭解到數據素養如何能夠應用在這些主題上。請以本章作為架構，探討如何研究數據與分析法中其它精彩的主題吧。

註釋

1 Frankenfeld, J (2019) Business Intelligence – BI, Investopedia, 23 June. Available from: https://www.investopedia.com/terms/b/business-intelligence-bi.asp (archived at https://perma.cc/MKG5-HPQ8)

2 Adams, RL (2017) 10 Powerful Examples of Artificial Intelligence In Use Today, Forbes, 10 January. Available from: https://www.forbes.com/sites/robertadams/2017/01/10/10-powerful-examples-of-artificial-intelligence-in-use-today (archived at https://perma.cc/J289-QZB4)

3 Cogito (undated) About Cogito Corp, Cogito. Available from: https://www.cogitocorp.com/company/ (archived at https://perma.cc/6BYK-CJYY)

4 Newport, C (undated) Book – Deep Work. Cal Newport. Available from: https://www.calnewport.com/books/deep-work (archived at https://perma.cc/4UXA-RWF5)

5 Merriam-Webster (undated) Definition of Algorithm. Available from: https://www.merriam-webster.com/dictionary/algorithm (archived at https://perma.cc/MES3-CS4Y)

6 Hao, K (2018) What is Machine Learning? Technology Review, 17 November. Available from: https://www.technologyreview.com/2018/11/17/103781/what-is-machine-learning-we-drew-you-another-flowchart/ (archived at https://perma.cc/EYK4-8JRP)

7 Frankenfield, J (2020) Machine Learning, Investopedia 17 2020. Available from: https://www.investopedia.com/terms/m/machine-learning.asp (archived at https://perma.cc/UBC3-JHGE)

8 Oracle (undated) What is Big Data?, Oracle. Available from: https://www.oracle.com/big-data/what-is-big-data.html (archived at https://perma.cc/7GGR-85DT)

9 Logianalytics (undated) What is Embedded Analytics? Logianalytics. Available from: https://www.logianalytics.com/definitiveguidetoembedded/what-is-embedded-analytics/ (archived at https://perma.cc/H77M-RHST)

10 Software Advisory Services (undated) Why Move to the Cloud? 12 Benefits of Cloud Computing in 2019, Software Advisory Services. Available from: https://www.softwareadvisoryservice.com/en/blog/why-move-to-the-cloud-12-benefits-of-cloud-computing-in-2019 (archived at https://perma.cc/TF52-FGPN)

11 Ismail, K (2018). What is Edge Analytics? CMS Wire, 14 August. Available from: https://www.cmswire.com/analytics/what-is-edge-analytics (archived at https://perma.cc/CAU4-MZ5J)

第十一章

展開數據與分析法之旅

我們已在本書探討過數據素養的許多主題還有重點領域，包括了建立數據素養和數據策略的步驟，而在總結這一章，將會檢視如何讓你展開數據之旅，還會探討數據素養和數據與分析法的多項主題。我希望你從本章學到三大面向：

- 瞭解自己從哪展開旅程；
- 對自己**辦得到**感到自在；
- 對前方的旅途感到興奮。

我們將會在本章檢視目前的世界——尤其是COVID-19所帶來的影響——好提醒大家在這趟旅途上應該考慮哪些重點；我們也會檢視如何運用「食譜」這樣有效的類比，來呈現出為了在數據素養和數據與分析上取得成功所必備的食材和物事。我私下很愛烘焙，然後我若在自己特製的「老爸愛的小餅乾」中放錯食材，或是量錯數量，就會慘遭孩子們叨念不休，沒完沒了。數據素養和數據與分析法之旅也是一樣。只不過很不幸地，組織不是一直都放錯食材，就是在一段時間內完全省去這些食材。關於這項主題，我們將在本章進行探討。

但在開始之前，我要提醒大家，這趟旅途上關鍵的起點在於要先培養正確的心態，也就是數據與分析法的世界將會定期進化、挪移和改變。這項主題在本書從頭到尾應該都經常出現：這個世界正在快速地改變、挪移和進化，也正在定期地產出越來越多的數據。我們不能總是侷限在過去還有以往做事的方式，應該要有所警覺，準備投入嶄新的事物並對此感到興奮。本書不是要探討怎麼培養心態——這類的書已經很多——而是要探討為了在數據與分析法上獲得成功，我們人人都該小心、明白這個世界正在快速進化。我們越是瞭解未來、數據、一般的分析法和趨勢，將來在數據的旅途上也就準備得越充分。

對數據的未來具備正確的心態和瞭解真的可以幫助我們建立扎實的基礎，並有效地展開數據之旅。我深信，具備的知識越多，也就對職涯做好越充分的準備。我更想要說明，我們將在本章探討的這些主題，對你的個人生活也有幫助。在可預見的未來，我們所在的世界將會是一個受到數據驅動的世界，只要產出的數據越來越多，數據就越會持續成為生活中的一部分。面對充滿數據的未來，我們將要討論的這項主題，不但衝擊、影響了每個人的生活，更永遠改變了數位世代及數據與分析法的樣貌，那就是二〇二〇年COVID-19的疫情大流行。

COVID-19 和數據與分析法

二〇二〇年初，這個世界陷入了一個完整的迴圈。其實，我在全球疫情大流行和關門潮的個人經歷算是蠻有趣的。二〇二〇年二月底，我正和家人搭乘遊輪、開心度假，直到三月一日才返回家中。過沒多久，我的國家——美國——和全球開始封鎖，以抑止冠狀病毒繼續傳播。當此事發生、封鎖開始，全球就必須調整，生活型態及內部人力受到數位和數據驅動於是變成常態。由於很多組織被迫接受這樣的事實，所以居家上班不再會被批評，同時組織也被迫重新評估他們在數據與分析法之下的做事方法。

隨著組織見證全球經濟體在一夕之間遭到重擊、被迫改變，決策也就得跟著改變，而且變得更好、更快、更靈活。這並不只出現在組織層面，其中還涉及到我們必須怎麼改變生活。身為個人，我們必須開始做出全新、更明智、更靈活的決策。無論是個人還是組織，我們都需要更明智、受到數據驅動的決策來為我們在此重要時期提供協助，但很不幸地，我們發現到有很多組織並沒真正受到數據驅動，而且毫無準備、無所適從。如今，大眾已經普遍認可這種「新常態」（new normal）了，而且對組織和個人來說，這就是一個數據和數位驅動的世界。

身為個人，我們有多常受到疫情的相關圖表、統計數據以及比我們所知還要更多的資訊所轟炸？但很遺憾地，這些數據和資訊並不完全準確。事實上，有很多案例在在顯示出我們的生活是如何受到錯誤和虛假資訊的衝擊。當我們在對付疫情這類的狀況，不論是政治或情緒上的偏誤，都不應該干預數據。其實，世界衛生組織（World Health Organization, WHO）把這稱作「假訊息大流行」（infodemic，又稱「訊息傳染病」）。你說我瘋了也好，但這聽起來像是數據素養該直接處理的事。

我已經以COVID-19的風險為主軸，談論並寫到數據與分析法的未來，還有一些透過數據與分析法而在許多不同方面對我們的生活帶來衝擊的趨勢和重要事物[1]。你在學習並清楚如何展開這趟旅程時，可以關注以下我所論及的一些重點。

數據驅動的文化

這個時髦用語就在這裡，而且已廣為大眾所接受。我們發現到，組織正在爭先恐後地找出自己能夠做些什麼，以受到數據更多的驅動。為了成功，那些組織想要但卻無法拉下的操縱桿已經變得越來越重要了。請加以研究，並投入時間學習如何才能受到數據越來越多的驅動。這或許是你所能研究最重要的部分，也就是你如何能真正地成為受到數據驅動的個體，抑或在職場上受到數據驅動。我們人人在生活上都將面臨許多得以透過數據予以強化的決策，像是購屋、改善未來生活的投資等。隨著你展開數據之旅、學習數據的未來，請把你的想法和心態專注地放在何謂數據驅動吧，這應該屬於你數據素養技能組中的一環。

採用數據與分析法

始於COVID-19疫情並雙雙衝擊到組織和個人所最顯著的趨勢之一，就是採用數據與分析法。我會把這稱作「新年新希望」症候群。當你研究組織還有他們期望透過數據達成什麼時，他們全都能侃侃而談（我們身為個人也行），但卻無法付諸實行。組織和個人一直在說他們想要做到這點，但當全球面臨封鎖、揭曉時刻來臨，結果卻大多背道而馳。「採用」就是聽起來的那樣——實際採用，並讓數據與分析法變成內部人力或個人生活中的一部分。

為了展開數據之旅，你所能做到最棒的事情之一，就是找出你個人在數據的知識、經歷等方面具有哪些落差。為了做到這點，請善用評估的力量，找出你具備哪些方面的技能，而不具備哪些方面的技能。評估之後，你就能判定自己要學習哪些技能較適合，以在生活上成功採用數據與分析法。我們太常頻繁地檢視自己準備好什麼、擁有了什麼力量，還針對這些方面努力學習。如今透過數據與分析法的觀點，我們所能做到最棒的事情之一，就是找出你**欠缺**哪些所需的技能，然後下功夫、融入這些技能。

一旦對採用具備了這樣的思維後，請接著找出那些助你成功，或是將會讓你不斷回頭發掘更多的事物。至於新年新希望，我常看到大家都是說一套做一套、最後根本無法達成，才會衍伸出所謂的「新年新希望」症候群。你若想在生活中採用某事，就請找尋你清楚明白自己將會採用的那件事；你若不想在個人生活中建構數據視覺化，那就不要這樣做，但要找出數據對你生活中的哪些方面有益，然後據此採用數據。沒錯，最終你會想要找出你感到不怎麼自在的那些事，但在那之前，請先從辦得到的事情開始吧。

數據素養

我很樂於看到數據素養成為COVID-19的趨勢之一以及數據與分析法的未來。我們雖然已經用了很長的篇幅討論這點，但想當然耳，隨著你展開數據之旅，請務必把學習數據素養放在清單之首。

COVID-19改變了這世界的許多面向——很不幸地，有些狀況還挺悲慘的——但這也迫使組織和個人重新評估本身在數據和數位方面的概況，有助於我們衡量並瞭解數據的未來會將我們帶往何處。我們不再處於一個「數據與分析法可有可無」的世界了。人們已經普遍接受二〇二〇年所對世界帶來的改變，而我們須得善用周遭數據和數位的力量。

建立食譜

我很愛烤餅乾，你有沒有喜歡做什麼料理？你可能會問到：烤餅乾或烹飪料理究竟和我展開數據之旅有什麼關係？這個舉例不但美味、準確，還會幫助你不致遺漏踏上這趟旅程所需要的關鍵食材。這樣的思考過程相當簡單，卻足以帶來非常深遠的影響。

當我們在烘焙過程中，無論是怎樣的食譜，都脫離不了順序、步驟與所需添加的食材，才能順利成功。一開始，或許必須預熱烤箱達到某個溫度，好讓它為你正要放入的各種美食做好準備。你得取來合適的調理鍋、混合盤或攪拌器等，還得聚集所有的食材，而這有時意味著提早好幾個小時拿出食材靜置解凍或使其達到室溫，接著，你一旦準備烹飪，就會按照相關的步驟或模式，把食材加入攪拌器、調理鍋、混合盤，然後才置入烤箱；甚至到了那時、食材都已經送入烤箱，你還會再三查看，確保餅乾烤起來像是餅乾，同時清理方才所造成的一團亂。一旦經由烘焙、悶烤或任何須得採用的烹調方式完成了這道料理，你才能在就緒時端出成品、大快朵頤。

為了確保你所烹調的任何料理圓滿成功，你都會跟著食譜和計畫走。當忘記加入食材，或者轉錯烤箱的溫度，你的食譜還會是你所期待的那樣嗎？很可能並不會！其實，它很可能變成一場大災難。此外，當我們使用手邊的食譜，也不該寄望「這樣應該沒關係」就胡亂調配。邁向數據之旅時也是一樣。

當我們正踏出數據之旅的前幾步，我們所該做的重要事情之一，就是確保自己擁有合適的「數據旅程食譜」(data journey recipe)。這是什麼意思?對初學者而言,閱讀本書是好的第一步,可以幫助你邁向「數據旅程食譜」中的數據素養,但這只是食材之一而已。我們談論了不少數據素養之傘及其所涵蓋的範圍,也提到為了在數據與分析上妥善獲得成功,數據與分析策略有多麼重要,甚至還在上一章補充了一些時下你可能常在數據與分析上聽到,但卻略帶差異的主題。

透過在合適的鍋盤(完成食譜所需的工具)放入所有這些關鍵的食材(數據素養的四大特點、學習分析法的四大層次),我們就已經有了明智、健全的開始,好讓整個數據與分析法的食譜呈現出你所期待的樣貌。為了確保食譜完整,你所需要的關鍵如下:

- **找出導師**。導師為何如此重要?我們在前一分鐘說到你所正烹飪或烘焙的食譜時,有件事我們並沒提到,那就是一開始要有人先建立食譜。那個人必須確切寫下要做些什麼、遵照什麼,才能創造出美味的「東西」。換言之,早在你之前就已經有人為這道美味的食譜鋪好路了。在數據與分析法中也是一樣,先前有人已經這麼做過,他們經歷了找出「要加多少糖」或「這道食譜應該用上幾顆蛋」等等的跌宕起伏；相信我，有很多人早已清楚在數據與分析的路途中，食材何時是低於標準的。請找出這些人吧！知名美國兒童電視節目《羅傑斯先生的鄰居們》（*Mister Rogers' Neighborhood*）主持人弗雷德·羅傑斯（Fred Rogers）先生曾言：「尋找幫助你的人。」[2] 請找出在成功通往數據與分析法的漫漫長路上緩慢行進的那些人吧（我會在結論帶到這點）。他們就在那裡提供協助。

- **投資自己及合適的工具。**在拾起本書之前，你自己是否擁有 Tableau 或 Qlik 之類一系列的數據工具？你有沒有讓數據科學變得像 Alteryx 一樣簡單的工具？你自己又收藏了哪些數據與分析法的學習書籍？其實，閱讀本書若是你的第一步，那麼，這就是好的第一步，也或許是你的第十一步，因為要在數據與分析法上順利成功，光讀一本書真的遠遠不夠，你還得對自己做出更多的投資才行。我們探討過你所能自我投資的面向包括了學習數據視覺化、擁有合適的使用工具等等。很多這類的公司都會提供免費試用，所以，請善加測試、找出屬意的那種，再接著自我投資吧！另一個我們所探討的主題則是訴說數據。你要做些什麼，才能開始強化自己訴說數據的能力呢？沒錯，閱讀是少不了的，但也請主動參與會議，或是做些公開演說；你需要的是練習、練習，再練習。請藉著主動做起該做的事而找出機會加以改善。我們是可以閱讀、研究自己想要的，但練習才是關鍵所在。大抵上，你若要成功，重點就在於投資自己及合適的工具。

● **找出練習之道**。我僅在最後這點加以提醒而已，最重要的是大家得要展開練習才行。不論是烘焙蛋糕、像麥可・喬登那樣射籃得分，或是像老虎・伍茲（Tiger Woods）在壓力下完美地推球入洞，我們都是想學什麼，就能學什麼，只不過，閱讀並不會轉換成技能。在追求數據成功的食譜裡，請各位學以致用——無論你是不是生平首度試著處理分析法的四大層次，同時發現到從描述性分析法開始真是棒極了，你之後都會清楚或認為自己已經充分掌握描述性分析法，接著能夠練習針對「你若做A，B會如何」做出預測，進而重新評估。你若從沒利用本書中所呈現的架構做出數據啟發的決策，那麼，請加以練習。試試看，一步一步來，勤能補拙。但我想強調一點：我指的不是一般的練習。人人都能走到戶外，單純舉起球來，並朝著籃框射籃。我非常喜歡近期那種「刻意練習」的概念，這意指「有目的且系統化的特殊練習」[3]。

別只是從頭到尾把動作做過一遍，你要靜靜坐下，找出自己落差所在，然後設法解決。

這些關鍵並無法完整論述如何建立起完美的數據與分析「食譜」，但至於你要做些什麼，才能全面展開這趟成功邁向數據與分析法的旅程，它們則可說是很棒的開始。

著重主動式分析法，而非反應式分析法

為了幫助我們劃定正確的起跑線、展開數據與分析法的旅程，我在本章一開始就提到過「心態」這字眼。我打算直接探討人人在數據與分析法中所必須瞭解並培養的心態，以真正地在數據與分析法上獲得成功，那就是主動式（proactive）分析法相對於反應式（reactive）分析法。請注意，這兩種分析法都很重要，但我們在業務上卻深深地陷入了反應式分析法，而且需要花費很大的功夫才能幫助自己擺脫這點。我曾經針對這項主題替Qlik寫了一篇部落文，而且開門見山就問

到：「每當我們執行數據與分析的計畫時，有多少人覺得自己是在救火？」[4]

我可以換個方式提問，因為我敢打賭，大家固定都有這種感覺，甚至在數據與分析法之外也是一樣：有多少人覺得我們所做的工作不是總在救火，就是因應、反應某事，卻不是在工作上先發制人？我發現這項主題格外有趣，同時我們為了職涯，也必須對此建立出比較正確的心態，這樣才真有助於得出正確的答案和解方，以解決諸多的難題。

當我想到主動式的心態及反應式的心態，我轉而想到的是史蒂夫・賈伯斯（Steve Jobs）及其所創辦的蘋果電腦公司。要是有人研究賈伯斯的一生，就會發現他主動地建立市場、推動市場，而不僅是被動地回應市場、反應市場。沒錯，這就是在「反應」電腦的世界中少了什麼，我們一定時時刻刻都能為這些說法上的細微差異爭論不休，但整體而論，賈伯斯的確就是著手開始，並為世界定調的那個人。在第一台iPhone問世之前，我們有過類似的東西嗎？沒有；iPhone堪稱首例。賈伯斯可以預見市場，他的確有所反應，但他同時也主動為世界定調。那麼，第一台iTunes和iPod呢？沒錯，我們在這之前是有過類似的裝置，但能把所有的歌曲全都放入口袋真的是太厲害了，iPad也是同理。整體而言，這些偉大的發明都是因為賈伯斯並沒等到出現那樣的市場，就搶先一步開創了市場。

我們在展開數據與分析之旅時，也必須培養起類似的心態。沒錯，賈伯斯的確能夠看出市場上的落差、加以反應，並主動打造出不可思議的產品，但那種反應，並不是我們想要在這討論的。你是否曾在參與工作會議時，聽到老闆說：「看看這些數字，我們沒辦法接受。史黛芬妮（Stephanie），去找出這裡是怎麼回事。」或者「我們現在要進行消防演習，必須在午餐前拿到A、B和C。」坦白說，相較於主動式工作，我們深受反應式工作所苦。

這在數據與分析法中非常普遍。相較於大費周章地研究市場與趨勢等等，有很多分析家發現自己陷入了反應式分析法永無止境的循環中，只有碰到問題來了，才會投入尋找解答、做出反應。請注意，我並不是說反應式分析法毫無用武之地，反之，他們有時不可或缺，而且還是分析法四大層次的一部分。我是說，我們必須留意這種心態。如果我們總是在拿數據與分析法救火，也就永遠無法在第一時間預防起火。換言之，與其因應周遭的一切，然後做出決策，我們應該洞燭機先，利用自己數據素養的技能、數據和分析的工具建立市場，而非回應市場。

COVID-19的危機正是反應式分析法相對於主動式分析法的絕佳範例。全世界一次次地目睹不同的國家、企業等面臨封鎖、倒閉，並且針對眼前所有的數據和消息做出反應。有時，在特定的領域或案例中，有些反應顯得太過劇烈（為了瞭解這些部分，我們或許可以出版專書，而且我猜一定會有人撰寫這樣的書）。如今，全世界正處理著從未處理過的事，所以我明白組織或許還沒準備好如何應對，只不過，疫情並算不上是什麼新鮮事，全球數百年來一直都在爆發這類的疫情，難道這世界就無法在疫情來襲時做好更充分的準備嗎？難道我們無法準備就緒，以確保在衛生和防護上，乃至經濟和業務上也都更加安全嗎？

請在數據與分析法中培養起主動式的心態，而非反應式的心態。反應式分析法有其影響力，有時不可或缺，但仍請努力設法透過研究趨勢並獲知全球現況而佔得先機。請建立起「不斷地追求主動式分析法，建構預測，繼而精進技能」的心態，這樣才能藉由幫助你和你的組織主動積極，而不像他人那樣事情來了才被動反應，從而邁向成功。

從基礎開始

從基礎開始，這對很多人而言看似容易，實則不然。我發現很有趣的是，別人常會教導身為成人的我們基礎之事，以幫助我們順利成功。這種現象行之有年，而且簡單的基礎有時還可能令我們感到挫折或是厭煩。當你在數據與分析法的世界中展開旅程時，請著重在基礎上……拜託。

在數據與分析法的世界中，人們會迷戀於美好、絢爛的事物。當我們被最新科技所掀起的那股旋風拖著走，便迫使我們偏離了那條能夠引導我們成功邁向數據與分析法的完整、理性之路。數據與分析法的領域中盡是過度炒作科技或技術流程的範例，因為人們認為這些將會解決個人或組織在數據與分析上的所有需求，而其中包括了大數據或數據科學之類的主題。過去十年來，我們渾身上下被迫不斷地接納、吸收這兩大主題，以致它們多少成了一種迷思，又或者人們最終真的有所領悟。坦白說，這兩大主題是很重要、各有影響，但我們並不是只能倚靠它們，才能解決我們在數據與分析上的需求。不過很遺憾地，組織在接納之餘，總認為它們是仙丹妙藥、會解決一切問題，於是到了要結合「手上的工具」和「成功的數據與分析法」時，組織卻只是愣在那裡，手足無措。

請從頭開始你的旅程，並致力在基礎上吧。請從數據的入門課開始，如「何謂數據？」、「數據如何運作？」、「如何擷取數據源？」等等，也同時學習分析法的入門課。你若連這領域中入門的參照推論分析法（inferential analytics）是什麼都不知道，就沒有必要直接跳到進階知識，開始學起監督式（supervised）機器學習和非監督式（unsupervised）機器學習。請理性地進行，並從基礎開始吧。

我最喜歡告訴正在學習新技能的孩子要朝專業人士看齊。這些人都致力於做些什麼呢？你會看到專業的籃球員整場練習都在致力於做出他們所嘗試過最精采的灌籃，還是看到他們做起基本的連續運球和投籃練習？你又會看到專業的高爾夫選手在高爾夫練習場上致力於打出最瘋狂的沙坑球或起撲球，還是看到他們持續練習標準動作來讓他們在已是超高水準的賽事中精益求精？

你在踏上數據與分析的旅途上也必須如此。先從學習數據視覺化、相關工具如何運作之類的基礎開始吧。假以時日，你就會培養出相關的技能，建構出驚人的視覺化，憑藉著訴說事情的脈絡以協助闡述你所找出的Insight。那一天將會到來，但請先從小處著手。至於分析法，請先從提升描述性分析法開始；努力地瞭解描述性分析法、它們如何運作、如何能夠更清楚地交代事情的脈絡等等，然後才進展到提升診斷性分析法。學著利用眼前的數據和資訊提出「為什麼」的大哉問，這樣你才能確實地進步、更上一層樓，但這可不是因為你是從複雜的事情開始，而是因為你是從基礎開始。你的旅程得要從這裡開始才對。

數據與分析法的遊戲化

我們應該在數據與分析法中探討的一點，就是它對某些人來說有多無聊。沒錯，我是這麼說的。我覺得它無聊嗎？一點都不！但很多人都會頻頻抱怨、發起牢騷，說到自己要在生活上學習數據與分析法（我知道這聽起來令人震驚，但真有其事）。人們認為數據與分析法這主題既恐怖又嚇人早已有相當長一段時間，他們不想參與、學習這些主題，唯恐自己要成為寫程式的人（coder）、統計人員，或是——好，由我來說吧——書呆子（我的暱稱是「書呆長」，而且我超愛的）。這種心態帶我們回到年輕時上數學課，大家都會在課堂上問到：「實際生活中何時會用到這個？」這麼問棒極了，而且答案是，你終其一生都會用到數學。

我一向扮演著推動數據素養的角色，而且截至目前為止，我特別喜愛南美洲一所工程大學對我的請求——校方問我能否協助用不同方式教導微積分。這項請求很怪，但你一旦去聽聽學校都是怎麼教微積分的，就會瞭解校方為何提出這樣的請求。我還記得有名學生問我：「實際生活上哪裡會用到微積分？」這堂課必須轉換成實用且有脈絡的學習法，而這不僅是這所大學的問題，也是全球在數據、分析法和這些主題教育上的問題。

為了幫助我們正確地展開數據與分析法之旅，我們就得瞭解實用性和前後的脈絡。我們在旅途一開始所能進行且讓一路上變得有趣的方式，就是把這趟旅途遊戲化。人們在聽完我的計畫或課程後經常問我：「我們最後會不會拿到證書或獎章呢？」這真是大哉問！沒錯，你是應該在數據與分析法的旅途上替自己打造證書或獎章。為了展開這趟旅途，請找出你打算如何用數據與分析法「娛樂」自己。當你結束一項主題，打算如何回饋自己？在你完成某個部分或某次學習後，又將如何學以致用？這些都是你必須問自己的重要課題。你若很享受現在所做的事，而不是一路上艱苦跋涉、感到無聊又提不起勁，就會更成功地繼續這趟數據與分析之旅。這帶領我們進入到本章的下一個主題。

找出感興趣的事，與其並肩同行

數據與分析法的世界廣袤無垠。請思考一下我們光在本書中所涵蓋的所有主題吧，其中的內容相當豐富。本書旨在探討數據素養，至於數據治理、數據品質或數據策略的其它主題，人們則能撰寫專書、立論探討。太多的可能性其實未必會為我們提供協助，反而會為我們帶來麻煩。

在這世上，我們似乎認為坐擁一堆選擇很棒，請別誤會我的意思，我的確深信擁有多重選擇會大幅提升人類的效能，但面臨大量選擇有時也可能會讓我們當場愣住、裹足不前。我們看到了眼前這一大片風景，但卻手足無措，不知何去何從。比方說，相較於其它，我愛極了沉浸在山間小徑，然而當你站在山腳下，放眼望去的高山雖可能震懾人心，但我們也可能問自己：「我究竟該從何做起？」沒錯，標準答案可能會回到「一步一腳印」，對，我懂，但只是瞭解這點未必會讓我們擺脫害怕及恐懼。

當我們看到這麼一大片數據與分析法的風景及其所帶來的力量，還有我們必須要做出並學習的選擇有那麼多，這就可能令人不知所措、備感壓力。一旦如此，很多人就會退縮、重新回到普遍例行的做法，甚至連開始也沒開始。宛如登山時一次一步那樣，我們可以一次一步地展開我們的旅程，而為了幫助我們做到這點，我們就該選擇自己感興趣的事。

數據素養和一般的數據與分析法皆非一體適用。學習和計畫等等各有不同，身為人類的我們也是大相逕庭。有鑑於此，請找出你在閱讀本書時感到有興趣的主題，或是從電視或廣告中看到的某件事物，然後從這開始。我認為，正因人們不瞭解從何開始，或是被搞得暈頭轉向、不知所措，才會有太多的數據與分析之旅無從開展。不要迷惘，也不要擔憂，很多人在你之前就已經辦到了。挑選一個吸引你目光的主題，與其並肩同行。切記，不是人人都得是數據科學家，但我們都要對自己的數據與分析之旅及數據素養保有自信。

找出「原因」

在這個總結的章節中，只要提及數據與分析法，就會談到某些「既定的」思維。一想到數據與分析法，常常就很容易想到數據本身、科技、工具、視覺化、數學、統計學、編碼等等。我們在本章中已經著重探討過烘焙食譜、抱持正確的心態、將事物遊戲化、找出你感興趣的事並與其並肩同行。當我遊走在世界各地、發表數據素養的演說以幫助公司組織順利成功時，我經常都會著重在這類的主題。而你知道我為何著重在這些領域嗎？因我認為，相較於數據與分析法的技術層面，這些領域反而有助於人們在數據與分析法上更加成功。我們若著重在平淡乏味的技術層面還有那些被視為「無聊」的領域，它們就會一成不變、乏善可陳，後代的子子孫孫也就不會那麼重視了。我還發現，人們在接納這些可能被視為數據與分析法中稀奇古怪的想法後，他們未來反而更會接受，也更有效地採用數據與分析法。一旦如此，我們才能深入探討更技術層面且「更困難」的領域，只不過，我們無法就這樣逕自踏上旅程。為了幫助我們順利地展開這趟旅程，我將在做出結論之前，把以下這點列入本章的最後一部分：坦白說，找出「原因」才應該是你的第一步。

在數據與分析法中找出「原因」為何這麼重要？敷衍了事不就得了？沒錯，你是可以做做樣子，但你覺得那會多有效呢？思考一下你在人生中所喜愛的事物，什麼都行。那可能是一種習慣、一部電影、一本書籍、你的家庭，什麼都好。

你會只是對它敷衍了事嗎？不會！為什麼？因為它很重要、對你是有意義的；這就是原因。有了那個原因，你全神貫注，決定非成功不可，想要為它賦予意義，或者是其它一堆這類的理由。在數據與分析法中，事情也應該如此。

這個世界已經變了。我孩提時和年輕時的那個世界已經不復存在，再也回不去了，而且你知道嗎，我居然覺得再開心也不過了！我們活在一個極為精彩的世界，現在的數據和科技讓我們在一九九〇年代、僅僅三十年前所擁有的一切顯得相形見絀，同理，未來的數據和科技也會讓我們目前所擁有的一切顯得相形見絀。這沒什麼大問題。數據與分析的世界和我們目前的世界本來就是相互穿插、交織而行。為了成功，能夠培養出在這些方面的相關技能對你來說可謂非常重要，同時能夠在使得自己未來變得炙手可熱的領域中學習、茁壯更是不可或缺。

一旦瞭解了這些思維，請你短暫思考一下自己手邊的主題。你的原因為何？你想透過數據素養和數據與分析法達成什麼？你想利用數據與分析法創立你多年來夢寐以求的真正事業嗎？你想利用數據與分析法為你和你的家人帶來更棒的人生嗎？你想利用數據與分析法幫助這個世界變得更美好嗎？（在此有個**強力**的暗示，亦即我們只要能夠使用數據與分析法——但卻是妥善地使用——它就著實擁有讓世界轉型的力量！）

只有你提供這些答案，也只有你才能告訴自己「這就是我想在數據與分析法中做到的事」，而這就是原因！花點時間靜靜坐下，並在日記或可信手拈來的其它物事中寫下你的想法，這麼一來，你將開始動筆、訴諸文字；你將得以催生答案和解方，也得以找出適合自己的「原因」，繼而展開個人的數據與分析之旅。

本章摘要

中國古代哲學家老子曾說：「千里之行，始於足下。」[5]數據與分析法的世界廣袤無涯，這一點毋庸置疑，但你若不想涉入，或對這世界一無所知，它就可能變得令人害怕、心生畏懼。然而我要在此告訴大家：在數據與分析法的世界中，我們每一個人都有容身之處。關鍵就在於展開你的旅程，不要遲疑，不要擔憂自己會書呆過頭，更不要害怕失敗，就這麼毫無保留地跳進池子準備玩樂一下吧。就這麼辦！

註釋

1 Morrow, J (2020) The Future of Data and Analytics, Qlik, 10 July. Available from: https://blog.qlik.com/the-future-of-data-and-analytics (archived at https://perma.cc/KU55-H9FP)

2 Goodreads (undated) Fred Rogers Quote. Goodreads. Available from: https://www.goodreads.com/quotes/198594-when-i-was-a-boy-and-i-would-see-scary (archived at https://perma.cc/7ZKN-TGTP)

3 Clear, J (undated) Deliberate Practice: What It Is and How to Use It. James Clear. Available from: https://jamesclear.com/deliberate-practice-theory (archived at https://perma.cc/FLV6-NRPV)

4 Morrow, J (2020) Reactive vs Proactive Analytics – Shape the Future, Qlik, 16 April. Available from: https://blog.qlik.com/reactive-vs-proactive-analytics-shape-the-future (archived at https://perma.cc/BH77-RUXR)

5 Forbes (undated) Forbes Quotes. Available from: https://www.forbes.com/quotes/5870/ (archived at https://perma.cc/N2BE-88KD)

國家圖書館出版品預行編目（CIP）資料

數據識讀者：數據素養教父教你如何用數據溝通、工作與生活 / 喬丹・莫羅（Jordan Morrow）著；侯嘉珏譯．-- 初版．-- 臺北市：日出出版：大雁文化事業股份有限公司發行, 2022.07
344 面；14.8×20.9 公分
譯自：Be data literate : the data literacy skills everyone needs to succeed.
ISBN 978-626-7044-57-5（平裝）

1.CST：資料探勘 2.CST：資料處理 3.CST：量性研究

312.74 111009491

數據識讀者

數據素養教父教你如何用數據溝通、工作與生活

Be Data Literate: The Data Literacy Skills Everyone Needs To Succeed

作　　者 喬丹・莫羅 Jordan Morrow
譯　　者 侯嘉珏
責任編輯 李明瑾
協力編輯 邱怡慈
封面設計 萬勝安
內頁排版 藍天圖物宣字社
發 行 人 蘇拾平
總 編 輯 蘇拾平
副總編輯 王辰元
資深主編 夏于翔
主　　編 李明瑾
業　　務 王綬晨、邱紹溢
行　　銷 曾曉玲
出　　版 日出出版
地址：台北市復興北路 333 號 11 樓之 4
電話（02）27182001　傳真：（02）27181258
發　　行 大雁文化事業股份有限公司
地址：台北市復興北路 333 號 11 樓之 4
電話（02）27182001　傳真：（02）27181258
讀者服務信箱 E-mail:andbooks@andbooks.com.tw
劃撥帳號：19983379 戶名：大雁文化事業股份有限公司
初版一刷 2022 年 7 月
定　　價 460 元

ISBN 978-626-7044-57-5